工业企业污染地块典型土壤修复治理技术与工程案例

谭海剑　刘晓冰　黄祖照
刘　舸　陈敏毅　马少杰　章生健　等 编著

中国环境出版集团·北京

图书在版编目（CIP）数据

工业企业污染地块典型土壤修复治理技术与工程案例/谭海剑
等编著. —北京：中国环境出版集团，2019.12（2021.1 重印）
ISBN 978-7-5111-4279-5

Ⅰ．①工… Ⅱ．①谭… Ⅲ．①土壤污染—工业污染防治—
案例 Ⅳ．①X53

中国版本图书馆 CIP 数据核字（2020）第 017291 号

出 版 人　武德凯
责任编辑　韩　睿
责任校对　任　丽
封面设计　宋　瑞

出版发行　中国环境出版集团
　　　　　（100062　北京市东城区广渠门内大街 16 号）
　　　　　网　　　址：http://www.cesp.com.cn
　　　　　电子邮箱：bjgl@cesp.com.cn
　　　　　联系电话：010-67112765（编辑管理部）
　　　　　发行热线：010-67125803，010-67113405（传真）
印　　刷　北京中科印刷有限公司
经　　销　各地新华书店
版　　次　2019 年 12 月第 1 版
印　　次　2021 年 1 月第 2 次印刷
开　　本　787×960　1/16
印　　张　11.25
字　　数　180 千字
定　　价　39.00 元

中国环境出版集团郑重承诺：
中国环境出版集团合作的印刷单位、材料单位均具有中国环境标志产品认证；
中国环境出版集团所有图书"禁塑"。

编 委 会

前　言

　　土壤是构成生态系统的基本要素，是人类赖以生存的重要物质基础，是经济社会发展不可或缺的宝贵资源，事关人体健康、生态安全和社会经济可持续发展。

　　随着我国经济高速增长，工业化、城镇化的快速推进，土地资源开发利用强度越来越高，我国土壤污染的总体形势也日趋严峻。2014 年，《全国土壤污染状况公报》显示，全国土壤环境状况总体不容乐观，部分地区土壤污染较重，工矿及工业企业废弃场地土壤环境问题突出。随着公众环保意识的提高和新媒体的发展，近年来以土壤和地下水污染为特征的污染地块事件被频频曝光，土壤污染直接影响国民经济发展、社会稳定和人民群众的健康，因此迫切需要对工业企业造成的污染地块进行治理修复。

　　近年来，土壤污染问题引起国家的高度重视，2012 年 11 月，原环境保护部、工业和信息化部、国土资源部、住房和城乡建设部联合发布了《关于保障工业企业场地再开发利用环境安全的通知》（环发〔2012〕40 号）；2013 年 1 月，国务院办公厅发布《近期土壤环境保护和综合治理工作安排的通知》（国办发〔2013〕7 号）；2014 年发布了《关于加强工业企业关停、搬迁及原址场地再开发利用过程中污染防治工作的通知》（环发〔2014〕66 号）；2016 年 5 月《土壤污染防治行动计划》正式颁布实施，体现了国家对土壤污染防治的重视；2018年8月31日，第十三届全国人民代表大会常务委员会第五次会议通过《中华人民共和国土壤污染防治法》，填补了土壤污染防治领域的立法空白，为扎实推进"净土保卫战"提供了法治保障。

为贯彻落实《中华人民共和国土壤污染防治法》《国务院关于印发土壤污染防治行动计划的通知》（国发〔2016〕31号）国内陆续开展了一些场地环境调查及污染土壤修复项目，相关技术也在实践中不断完善；但是，鉴于土壤污染防治工作在国内是一个新鲜事物，专业性较强，涉及面广，情形复杂，场地责任单位普遍对该项工作了解不深，在开展此项工作过程中，因缺乏相关指引导致出现修复时间冗长、修复成本较高、修复效果不佳等问题。鉴于此，广州市环境技术中心与广东环境保护工程职业学院针对工业企业污染地块土壤修复治理工作开展了专题研究和探讨，并形成了该专著。

本书共分为7章，第1章为概论，由程乾坤、张司佳、陈敏毅、章生健等执笔；第2章主要介绍工业场地土壤污染类型与特征，由谭海剑、黄祖照、陈敏毅、章生健等执笔；第3章介绍污染土壤修复管理与技术相关要求，由陈隽、谭海剑、马少杰、唐文哲、朱铁才等执笔；第4章介绍工业企业地块土壤污染修复技术筛选，由谭海剑、黄祖照、陈敏毅、章生健等执笔；第5章和第6章内容为工业企业地块土壤修复技术介绍与典型案例，其中第5章由黄祖照、谭海剑、方皓、陈洲洋、符云琳、管运金、李霞、李茜、冯飞凡等执笔，第6章由谭海剑、黄祖照、陈敏毅、章生健等执笔；第7章对工业场地土壤污染修复技术发展趋势进行了展望，由刘晓冰、刘舸、李文胜、王克亮、赖经妹、袁素芬等执笔。

本书详细介绍了各项修复技术的原理、适用性、应用情况、系统构成、主要设备、关键技术参数、主要实施过程、修复周期、参考费用、污染防治重点等内容，提供了一套科学的参考依据，系统地阐述了场地污染土壤修复处理处置过程，内容全面、层次清晰、参考性较强；对于其中较为成熟的技术，还提供了相关的应用案例介绍，以便读者深入了解。附录为《广州市工业企业场地土壤污染修复治理推荐技术目录》，以列表形式对每项技术的名称、适用性、修复周期、参考费用、技术优点与局限性、污染防治重点进行简介，以方便读者对各修复技术进行快速查阅了解。

本书编制过程中得到了广州市生态环境局、北京市固体废物和化学品管理中心、重庆市固体废物管理中心、武汉都市环保工程技术股份有限公司、北京高能时代环境技术股份有限公司、中科鼎实环境工程股份有限公司、北京建工环境修复股份有限公司、北京市政路桥集团有限公司等单位的大力支持，生态环境部华南环境科学研究所的郑伟研究员对本书提出了宝贵意见，在此一并表示感谢。

鉴于作者水平有限，书中难免有不当甚至错漏之处，恳请广大读者和有关专家批评指正。另外，书中引用了部分国内外同行学者撰写的论文、书籍、手册等中的学术观点及研究数据，参考文献广泛，引述出处难免遗漏，敬请谅解。

目　录

第 1 章
概 论

1.1 土壤

1.1.1 土壤及其功能

土壤是国家最重要的自然资源之一,是山川之根,是万物之本,是地球上一切生命赖以生存和发展的最基本的资源。近 50 年来,随着世界人口增长、资源枯竭、环境恶化等问题的加剧,人们逐渐认识到土壤不但是孕育万物之本,而且是维持陆地生态系统的重要组成部分,更是维持其可持续性的至关重要的有限资源[1]。

一般来说,土壤在自然界及人类生产、生活中主要发挥以下六个方面的作用。

1. 调节功能

土壤作为自然界的组成部分,与其他环境要素的交互过程中所发挥的功能主要包括:① 水分循环功能,即土壤在水循环过程中,对水分渗透与保持的数量与质量;② 养分循环功能,即在养分循环过程中,对植物营养的供给能力;③ 碳存储功能,即在碳循环过程中,土壤对有机碳和无机碳的存储功能,尤其是对有机碳的存储功能;④ 缓冲过滤功能,即土壤对重金属的缓冲过滤功能;⑤ 分解转化功能,即土壤对有机污染物的分解转化功能。

2. 动植物栖息地功能

土壤，无论是作为还是可能作为某种特殊或稀有物种的栖息地，都具有很高的保护价值。土壤作为动植物栖息地的功能（或潜在动植物群落发展地）对于保护和提高生物多样性具有重要作用。

3. 生产功能

土壤可以固定植物根系，具有自然肥力，能够促进作物生长，进行农业生产。生产功能是土壤被人类最早认识的功能之一，包括农业、林业生产等。

4. 人居环境功能

土壤作为人类生活和居住的环境，有提供建筑、休闲娱乐场所和维护人类健康发展的功能。健康良好的土壤在提升城市环境质量中发挥着重要的作用，但这一作用往往被忽视。土壤在增加空气湿度的同时可以明显减少灰尘的数量，包括空气中的微小尘埃。植物可以过滤空气中的尘埃，当尘埃进入土壤，会被分解和矿化。若土壤被封闭，则失去了相应的功能。土壤作为人类的居住环境，与人类生活息息相关，其污染与否直接关系着人类的健康。

5. 自然文化历史档案功能[2]

土壤也可被称为"历史档案"，有记录自然变化和人文历史的功能。在自然历史方面，有反映古气候古地貌变化的稀有独特土壤；在历史文化方面，有受人为影响的底土层（有城市发展的历史遗迹）等。这些历史信息有利于我们了解过去、理解现在和预测未来。

6. 原材料供给功能

土壤可以为我们提供黏土、沙石、矿物等原材料。例如，黏土含量较高的土壤可以用来烧砖或者制陶，而土壤中的沙石可以作为建筑材料。

此外，土壤在维护区域和全球的环境质量方面也起着重要作用，是生物系统进行全球性能量和物质循环的重要场所，并与人类生活紧密相连，其变化也深刻影响着各个国家和整个世界的社会经济持续发展。

土壤是易受破坏的有限资源，人们在对其进行农业、工业等利用时，应进行区域规划以满足当下和将来的需要；在进行农业生产时必须保护土壤的质量，防止土壤侵蚀、土壤污染；在规划过程中，应评价城市发展对周边土地的影响，从而采取有效的保护措施；各级政府都应重视土壤保护工作，并接受公众的监督。因此，政府和民众需要重视土壤的多功能性，积极参与土壤的保护活动，并根据土壤功能制定合理的土地利用方式和社会经济发展模式。

1.1.2 土壤的构成

土壤的内部物质一般被概括为三个部分：固体部分、液体部分和气体部分。

由矿物质和腐殖质组成的固体土粒是土壤的主体，约占土壤体积的50%，固体颗粒间的孔隙由气体和水分占据。

其中，土壤矿物质是岩石经过风化作用形成的不同大小的矿物颗粒（砂粒、土粒和胶粒）。土壤矿物质种类很多，化学组成复杂，它直接影响土壤的物理、化学性质，是作物养分的重要来源之一。

土壤气体中绝大部分是由大气层进入的氧气、氮气等，小部分为土壤内的生命活动产生的二氧化碳和水汽等。

土壤中的水分则主要由地表进入土中。土壤是一个疏松多孔体，其中布满着大大小小蜂窝状的孔隙。直径0.001～0.1 mm的土壤孔隙被称为毛管孔隙。存在于土壤毛管孔隙中的水分能被作物直接吸收利用，同时，还能溶解和输送土壤养分。毛管水可以上下左右移动，但移动的快慢取决于土壤的松紧程度。松紧适宜，移动速度最快，过松过紧，移动速度都较慢。

1.1.3　土壤的性质

1. 土壤的物理性质

土壤的物理性质是指土壤固、液、气三相体系中所产生的各种物理现象和过程，各种性质和过程是相互联系和制约的，其中以土壤质地、土壤结构和土壤水分居主导地位，它们的变化常引起土壤其他物理性质的变化[3]。

1）土壤质地。

土壤质地是指土壤中不同大小直径的矿物颗粒的组合状况，通俗地说，土壤质地就是土壤的砂黏性。常见的土壤质地分类有国际制、美国制、苏联卡钦斯基制三种[4]。

（1）国际制

1912年瑞典土壤学家阿特伯（Atterberg）提出了土粒分级标准[17]，1930年在第二届国际土壤学会上被采纳为国际土粒分级的基础，并制定了土壤质地分类国际制（表1.1），以等边三角形（图1.1）表示，其要点为：

①以黏粒含量为主要标准，＜15%为沙土和壤土质地组，15%～25%为黏壤土质地组，＞25%为黏土质地组；

②当土壤含粉（沙）粒达45%以上时，在各组质地的名称前均冠以"粉（沙）质"字样；

③当土壤沙粒含量在55%～85%时，则冠以"沙质"字样；如含量在85%～90%时，则称为沙质壤土，而沙粒含量达90%以上者称为沙土。

表 1.1 国际制土壤质地分类标准

质地名称		颗粒组成 Particle size composition/%		
		黏粒 Clay （＜0.002 mm）	粉粒 Silt （0.002～0.02 mm）	沙粒 Sand （0.02～2 mm）
沙土 Sand soil	沙土及壤质黏土	0～15	0～15	85～100
壤土 Loam	沙质壤土	0～15	0～45	55～85
	壤土	0～15	30～45	40～55
	粉沙质壤土	0～15	45～100	0～55
黏壤土 Clay loam	沙质黏壤土	15～25	0～30	55～85
	黏壤土	15～25	20～45	30～55
	粉沙质黏壤土	15～25	45～85	0～40
黏土 Clay soil	沙质黏土	25～45	0～20	55～75
	壤质黏土	25～45	0～45	10～55
	粉沙质黏土	25～45	45～75	0～30
	黏土	45～65	0～35	0～55
	重黏土	65～100	0～35	0～35

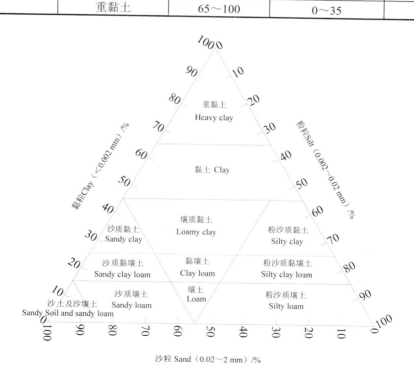

图 1.1 国际制土壤质地分类三角坐标

（2）美国制。

1951 年美国农业部（USDA）根据土壤在农田中的持水保肥、通气透水特点，将土壤质地划分为 4 组 12 级，美国制的质地分类标准也用等边三角形（图 1.2）表示。等边三角形的三个顶点分别代表 100% 的沙粒（0.05～2 mm）、粉粒（0.002～0.05 mm）及黏粒（＜0.002 mm）。其中 4 组分别为沙土组、壤土组、黏壤土组和黏土组。同时针对土壤剖面研究，根据土壤粒径、矿物性质、温度等特点将土壤质地划分为 7 级。此外，将图 1.2 中相邻级类视为同一亚类，可将土壤分成相互重叠的 28 个亚类。

图 1.2　美国制土壤质地分类三角坐标

（3）卡钦斯基制。

卡钦斯基制是 1957 年苏联著名土壤物理学家——卡钦斯基根据苏联有关粒级性质的资料拟定的，它将土壤质地分为沙土类（粗沙土、细沙土）、壤土类（沙壤土、轻壤土、中壤土、重壤土）、黏土类（轻黏土、中黏土、重黏土）。各类土壤的特性如下：

①沙土类：土粒以沙粒（粒径 1～0.05 mm）为主，占 50% 以上。土粒间孔隙大，

大孔隙多，小孔隙少。土质疏松，易耕作；透水性强，保水性差；保肥能力差。在这种土壤上生长的作物，容易出现前期猛长，后期脱肥早衰的现象，施肥管理宜勤少施。这类土壤对块茎类作物的生长有利，也适宜种植生长期短而耐瘠薄的植物，如芝麻、花生、西瓜等。

②黏土类：土粒以细粉粒（粒径小于 0.001 mm）为主，占 30%以上。总孔隙度大而土粒间孔隙小，土质黏重，干时紧实板结，湿时泥泞，不耐旱也不耐涝，适耕期短，湿犁成片，耙时成线，耕作困难。通气透水差，易积水，有机质分解慢，保水保肥强。其上的作物常有缺苗现象，幼根生长慢，表现为发老苗不发小苗。这类土壤适宜种植小麦、玉米、水稻、枇杷等。

③壤土类：介于沙土和黏土之间，土粒以粗粉粒（粒径为 0.5～0.01 mm）为主，占 40%以上，细粉粒少于 30%。土粒适中，通气透水良好，有较好的保水保肥能力，供肥性能好，耐旱耐涝，适耕期长，耕性良好，表现为发小苗也发老苗，是耕地中的"当家地"和高产田。这类土壤适于种植各种作物。

2）土壤结构

土壤结构是指土壤固相颗粒的排列形式、孔隙度及团聚体的大小、多少及其稳定度[4]。良好的土壤结构是土壤肥力的基础，土壤结构越好，土壤肥沃度越高。常见的土壤结构类型有块状、片状、柱状、团粒结构。团粒结构是各种结构中最为理想的一种，其水、肥、气、热的状况是处于最好的相互协调状态，为作物的生长发育提供了良好的生活条件，有利于根系活动和汲取水分、养分。

3）土壤水分

土壤水分来自降雨、降雪和灌水，若地下水位较高，地下水也可上升补充土壤水分。土壤水分本身或通过土壤空气和土壤温度可影响养分的生物转化、矿化、氧化与还原等，因而与土壤养分的有效性有很大的关系。土壤水分还能调节土壤温度，对于防高温和防霜冻有一定的作用。所以，可通过控制和改善土壤的水分状况，如提高土壤蓄水保墒能力，进行合理灌溉，提高作物产量。

2. 土壤的化学性质

土壤的酸碱度影响营养元素的有效性,从而影响作物生长,当土壤酸碱度不适宜时,需要对其进行调节。如对酸性土壤施用石灰,对碱性土壤施用石膏、硫黄等来改良[5]。土壤对酸碱度变化具有抵抗能力,这是土壤的缓冲性能或缓冲作用,土壤缓冲作用可以稳定土壤溶液的反应,使酸碱度的变化保持在一定的范围内,不至于因土壤环境的改变而产生剧烈的变化。这样就为植物生长与微生物的活动,创造了一个良好而稳定的土壤环境条件。

土壤酸碱性的强弱,常以酸碱度来衡量。土壤酸碱度又以 pH 来表示。我国土壤 pH 大多在 4.5~8.5 范围内,由南向北 pH 递增,长江(北纬 33°)以南的土壤多为酸性和强酸性,如华南、西南地区广泛分布的红壤、黄壤、赤红壤,pH 大多在 4.5~5.5;华中、华东地区的红壤,pH 在 5.5~6.5;长江以北的土壤多为中性或碱性,如华北、西北的土壤大多含 $CaCO_3$,pH 一般在 7.5~8.5,少数强碱性土壤的 pH 高达 10.5[6]。

3. 土壤的生物性质

土壤的生物性质是土壤动物、植物和微生物活动所造成的一种生物化学和生物物理特征。土壤中的微生物对作物有着重要的作用:①参与土壤有机质的矿化和腐殖质化,同时通过同化作用合成多糖类和其他复杂有机物质;②参与土壤中营养元素的循环;③某些微生物具有固氮作用,有些微生物在作物根际与植物共生,为植物直接提供氮素、磷素和其他矿质元素的营养及各种有机营养,提高作物的产量。

1.2 工业企业场地污染土壤

土壤作为人类生存之本,与我们的生活密切相关,土壤资源的利用与保护程度也是与人类生存、社会发展息息相关的[7]。工业生产、矿产资源开发、废弃物处理、垃圾填埋以及事故灾害等活动[8],在一定程度上造成了土壤(包括地下水)污染,形成了大量的污染场地。污染场地不仅对人类身体健康和自然生态环境造成了危害，也严重地影响了土地资源开发、城镇建设规划、城市转型升级、城市环境管理等方面。

1.2.1 土壤污染的定义及特点

土壤环境污染简称土壤污染，是指人类活动产生的污染物进入土壤并积累到一定程度，引起土壤质量恶化的现象。随着现代工农业生产的发展，化肥、农药的大量使用，工业生产废水、城市污水及废物通过跑、冒、滴、漏等方式不断进入土体，这些环境污染物的数量和速度超过了土壤的承受容量和净化速度，从而破坏了土壤的自然动态平衡，使土壤质量下降，造成土壤的污染。土壤污染就其危害而言，比大气污染、水体污染更为持久，影响更为深远。一般来说，按污染源分类，土壤污染主要包括农业土壤污染、工业企业地块土壤污染、人类生活土壤污染等。它具有隐蔽性、累积性、不可逆转性等特点。

1. 隐蔽性

不同于大气、水和废弃物污染等问题，土壤污染一般肉眼难以判别，往往需要通过对土壤样品进行分析化验和农作物的残留检测，甚至通过研究对人畜健康状况的影响才能最终确定。隐蔽性的特点导致土壤污染后对人的健康影响通常在不知不觉中发生。

2. 累积性

污染物质在土壤中并不像在大气和水体中那样，由于介质具有较强的流动性而容易扩散和稀释，因此有害物质的浓度容易在土壤中不断积累而形成污染，同时也使土壤污染具有很强的地域性[9]。

3. 不可逆转性

一般来说，难降解、具有较大危害的物质，如农药、重金属、聚乙烯（塑料袋的主要成分）等对土壤的污染基本上是一个不可逆转的过程，许多有机化学物质的污染也需要较长时间才能降解。

4. 长期性

由于积累在污染土壤中的难降解污染物很难通过稀释作用和自净化作用来消除，所以一旦污染发生，不仅要从源头上进行控制，减少排放量，还需要主动治理污染土壤。治理成本通常较高、治理周期也相对较长。

1.2.2 工业企业地块土壤污染问题

地块是指某一地块范围内的土壤、地下水、地表水及地块内所有构筑物、设施和生物的总和[10]。污染地块是指对因从事生产、经营、处理、贮存有毒有害物质、堆放或处理处置潜在危险废物，以及从事矿山开采活动造成污染，且对人体健康或生态环境构成潜在风险的场地进行调查和风险评估后，确定污染危害超过人体健康或生态环境可接受风险水平的场地，又称污染场地[11, 12]。

工业污染是土壤污染的重要来源，工业企业地块土壤污染已成为我国目前最突出的土壤污染问题之一。

根据 2014 年《全国土壤污染状况调查公报》显示，工矿业废弃地土壤环境问题突出。在调查的 690 家重污染企业用地及周边的 5 846 个土壤点位中，超标点位占 36.3%；在调查的 81 块工业废弃地的 775 个土壤点位中，超标点位占 34.9%[16]；在调查的 146 家工业园区的 2 523 个土壤点位中，超标点位占 29.4%[11]。

1.2.3 工业企业地块土壤污染典型事件

1. 美国拉夫运河事件[17, 18]

拉夫运河最初是威廉·T. 拉夫在 19 世纪 90 年代投资修建的，当时修建这条运河是为了连接尼加拉河的上游安大略湖及其下游伊利湖。20 世纪 20 年代，这条运河区域变成尼加拉瓜城的垃圾处理场，40 年代，美军在此倾倒"二战"的军事废弃物，其中包括曼哈顿工程的核废料。1942 年，胡克化学公司在尼加拉瓜电力发展公司的手中购买了该运河用来填埋工业废弃物，在 1942—1953 年，一共在当地填埋了 21 000 t 化学废物，包括制造香料、溶剂、橡胶、DDT 杀虫剂、复合溶剂、电路板和重金属的卤化有机物等，尼加拉瓜城的居民们也会将生活垃圾倾倒于此。1953 年之后，拉夫运河区域成为胡克化学公司的垃圾专门填埋场，这片土地之下 20～25 英尺（1 英尺=0.304 8 m）有着数以万计的化工废渣。

20 世纪 50 年代，尼加拉瓜教育董事会向胡克公司提出了购买该运河的请求，双方在 1953 年 4 月 18 日签订了协议；之后，尼加拉瓜教育董事会开始在这片区域建造学校，在建造过程中，废弃垃圾随着雨水迁移至地表。伴随着这两所学校的建成，社区、宿舍等配套设施也逐渐完善。当地政府开始修筑厕所、下水管道等，其间挖掘出了很多的工业废弃物，但因为胡克公司与董事会达成保密协议，所以在人们家里的浴缸和院子里出现黑色的油状液体时，他们对于潜在的危险毫无察觉。

1978 年，居住在运河社区的一位叫洛伊斯·吉布斯的居民偶然发现自己的孩子和邻居的孩子都患有不同程度的肝癌、癫痫、哮喘和白细胞量低等疾病。吉布斯并没有把这些事件与自身居住环境相联系，直到她看到报纸上迈克尔·布朗的报道。迈克尔·布朗在 1978 年挨家挨户地调查潜在的健康影响，发现新生儿的畸形问题同环境有巨大关联。吉布斯看到报道后，组成了拉夫运河业主协会，联合大部分居民开始对身体健康和生活环境做详细的调查，向官方提供数据。1978 年 8 月 2 日，纽约州卫生处官方首次宣布泄漏的垃圾严重威胁这些家庭的健康。根据美国国家环境保护局的报告，"当地呈现了高流产率……拉夫运河区域可以被列入环境灾难地区，从工人的精神紊乱到哺乳妈妈的乳汁都可以发现毒素……"。根据其他医疗卫生专家的调查，这个地方的居民每 36 个人就有 1 个人有畸形；出生率远远低于纽约的平均水平；肝癌的发病率也大大超出了平均水平。除了生理上的病痛，这种居住地的污染也对居民造成了心理上的创伤。根据吉布斯所说，在美国国家环境保护局的报告出来之后，"人们非常害怕，或者是恐慌"，"这是我第一次看到这么多成年男子哭泣，因为他们不能保护好自己的妻子和孩子"。

50 年前填埋的工业废弃物中的污染物进入地下水或被种植的粮食蔬菜吸收，通过食物链等途径侵入人体。拉夫运河小区的居民不断给州政府施加压力，他们扣留了美国国家环境保护局的代表，要求政府宣布这里是重灾区，疏散当地居民并帮助他们移民。进而，美国媒体也开始发声谴责政府，支持居民的行动，呼吁政府就这一事件做出解释并妥善解决。1978 年，吉米·卡特总统宣布拉夫运河区域处于环境紧急状态，联邦紧急事务管理局动用联邦资金来重新安置拉夫运河的居民。受废弃物影响的 1 英里范围内有将近 10 000 人，在 3 英里的范围则有将近 70 000 人。1980 年 10 月 1 日，卡特总统访问了尼亚加拉大瀑布区，颁布了划时代的法令——《综合环境反应、赔偿与责任法》，该法案的设立以 5 年为期，使用联邦的资金来清理废弃的危险土地，同时处理好当地居民的暂时或永久安置问题，大约 950 户家庭被转移到其他地方。拉夫运河的污染物清理工作于 2004 年宣告完成，用时 24 年，耗资 4 亿多美元。

2. 意大利塞维索化学污染事故

ICMESA 化工厂（Industrie Chimiche Meda Società）位于意大利米兰以北 15 km 的塞维索（Seveso）附近的一个小镇上，隶属于 Givaudan S.A.公司（该公司在 1963 年时为 Roche 集团所收购）。该厂共有 170 名工人，主要生产化妆品和制药工业所需要的化工中间体。1969 年该厂开始生产一种名为 2,4,5-三氯酚（TCP）的产品，它是一种用于合成除草剂的有毒的、不可燃烧的化学物质。由于该厂生产 TCP 需要在 150～160℃下持续加热一段时间，因而为 2,3,7,8-TCDD 等二噁英的生成创造了条件。

1976 年 7 月 10 日，ICMESA 化工厂的 TBC（1,2,3,4-四氯苯）加碱水解反应釜突然发生爆炸。该反应釜的目的是使 TBC 经水解而形成制造 TCP 的中间体——2,4,5-三氯酚钠，由于反应放热失控，引起压力过高导致安全阀失灵而形成爆炸。由于当时釜内的压力高达 4 个大气压，温度高达 250℃，包括反应原料、生成物及二噁英杂质等在内的化学物质一起冲破了屋顶，冲入空中，形成一个污染云团，这个过程持续了约 20 分钟。在接下来的几个小时内，污染云团随着风速达 5 m/s 的东南风向下风向传送了约 6 km，并沉降到面积约 1 810 英亩的区域内，污染范围涉及 Seveso、Meda、Desio、Cesano Maderno 及另外 7 个属于米兰省的城市[19]。

事故发生后，ICMESA 化工厂立刻警告当地居民不要吃当地的农畜产品，同时声明爆炸泄漏的污染物中可能含有 TCP、碱性碳酸钠、溶剂及其他不明有害物质[20]。7 月 12 日，反应釜所在的建筑物被关闭。7 月 13 日，当地的小动物出现死亡。7 月 14 日，当地的儿童出现皮肤红肿。7 月 17 日，当地卫生部门邀请米兰省立卫生和预防实验室主任 Aldo Cavallaro 教授对现场进行分析。尽管当时二噁英还鲜为人知，但 Aldo Cavallaro 教授凭借其多年的公共卫生领域的专业经验，怀疑污染云团中含有的二噁英是造成动物死亡和儿童皮肤红肿的原因[21]。不久，来自瑞士日内瓦的 Givaudan S.A.公司总部传来消息，公司实验室在事故发生后第一时间于现场采集的样品中发现二噁英。据调查，爆炸当时反应釜内的物质包括 2 030 kg 的 2,4,5-三氯酚钠（或其他 TCB 的水解产物）、540 kg 的氯化钠和超过 2 000 kg 的其他有机物。在清理反应釜时，发现了 2 171 kg 的残存物，其中主要是氯化钠（约 1 560 kg）。按此推算，污染云团实际上包含了约 3 000 kg 的化学物质，其中据估计包括有 300 g～130 kg 的二噁英。因此，ICMESA 化工厂的爆炸事故造成了轰动世界的二噁英污染事件。针对此次事故，欧共体于 1982 年颁布《工业活动中重大事故危险法令》，列出了 180 种危险化学品物质及其临界量标准[22-24]。

3. 日本痛痛病事件[25-28]

富山县位于日本中部地区，在富饶的富山平原上，流淌着一条名叫"神通川"的河流。这条河贯穿富山平原，注入富山湾，不仅是居住在河流两岸人们世世代代的饮用水水源，而且灌溉着两岸肥沃的土地，是日本主要粮食基地的命脉水源。20 世纪初期开始，人们发现这个地区的水稻普遍生长不良。1931 年，这里又出现了一种怪病，患者病症表现为腰、手、脚等关节疼痛。病症持续几年后，患者全身各部位会发生神经痛、骨痛现象，行动困难，甚至呼吸都会带来难以忍受的痛苦。到了患病后期，患者骨骼软化、萎缩，四肢弯曲，脊柱变形，骨质松脆，就连咳嗽都能引起骨折。患者不能进食，疼痛无比，这种病由此得名为"骨癌病"或"痛痛病"（Itai Itai Disease）。1946—1960 年，日本医学界从事综合临床、病理、流行病学、动物实验和分析化学的人员经过长期研究发现，神通川两岸骨痛病患者与三井金属矿业公司神冈炼锌厂的废水有关。该公司把炼锌过程中未经处理净化的含镉废水连年累月地排放到神通川中，两岸居民引水灌溉农田，使土地含镉量高达 7～8 μg/g，居民食用的稻米含镉量达 1～2 μg/g。而且，人们饮用水中含镉，久而久之体内积累大量的镉毒而生骨痛病。进入体内的镉，首先破坏了骨骼内的钙质，导致死亡进而引发肾脏疾病、内分泌失调等，经过 10 余年后进入晚期而死亡。三井矿业公司工人因镉中毒生病者也不在少数。有两名怀孕妇女因体内急需钙质，而镉中毒又使其钙质遭到破坏，骨痛病愈趋严重，无法忍受而自杀。死后解剖肾脏发现含有大量镉，甚至骨灰中镉含量达到 2%。截至 1968 年 5 月，共确诊患者 258 例，其中死亡 128 例，到 1977 年 12 月又死亡 79 例。痛痛病在当地流行 20 多年，造成 200 多人死亡。1961 年，富山县成立了"富山县地方特殊病对策委员会"，开始了国家级的调查研究。1967 年研究小组发表联合报告，表明痛痛病主要是由重金属尤其是镉中毒引起的。1968 年开始，患者及其家属对金属矿业公司提出民事诉讼，1971 年法院判决原告胜诉。被告不服上诉，1972 年原告再次胜诉。

4. 北京宋家庄事件

2004 年 4 月 28 日，北京宋家庄地铁站施工过程中发生一起工人中毒事件。宋家庄地铁站所在地点原是北京一家农药厂厂址，始建于 20 世纪 70 年代。尽管已搬离多年，但仍有部分有毒有害物质遗留在地下。当挖掘作业到达地下 5 m 处时，3 名工人急性中毒，后被送往医院治疗，该施工场地随之被关闭。北京市环保局随后开展了场地监测并采取了相关措施。之后污染土壤被挖出运走进行焚烧处理。该事件是中国工业污染土壤环境修复工作的一个标志性事件，从此以后，中国开始重视工业污染场地调查评估与治理修复问题[29]。

1.3 工业企业地块污染土壤修复开展情况

早在 20 世纪 70 年代，欧美等西方国家就开始了污染场地治理，并形成了一套有效的管理体系。以美国为例，美国自 20 世纪 70 年代末至 80 年代初相继发生了"纽约州拉夫运河（Love Canal）事件"（1978）、"肯塔基州铁桶谷（Valley of the Drums）事件"（1979）、"密苏里州时代河滩（Times Beach）事件"（1982）后，率先发起了针对污染场地的立法管理，颁布了《综合环境反应、赔偿与责任法》。而我国直到 2004 年"宋家庄事件"发生后，污染场地的修复与开发问题才开始引起公众和社会的关注，目前工业企业地块土壤修复产业仍处于起步阶段，场地资料整合困难、污染场地修复技术工程经验不足、土壤污染修复时间和经费估计不足等问题尤为明显[16]。

1.3.1 国外地块污染土壤修复管理情况

1. 美国

美国污染场地管理框架主要由 1980 年生效的《综合环境反应、赔偿与责任法》（通常被称为《超级基金法》）及其修正案的相关内容组成[30]。《超级基金法》确立了"污染者付费原则"，规定不同当事人（在法律上被定义为"潜在责任方"）承担修复此前遗留的被污染场地的责任。此外，《超级基金法》授予美国国家环境保护局可以强制任意潜在的责任方支付场地修复费用的权利，包括没有直接造成污染的该块土地的所有者和经营者。场地修复费用的分担和责任的分摊将在各潜在责任方之间解决[30]。该方法对于美国污染场地修复和改善企业环境行为起到了非常积极的推动作用。

但是早期法案存在着严重的不足，包括：引起大量的法律诉讼，使小企业承担不公平的负担；州政府和当地社区的参与不充分（主要行动由联邦政府负责）等。特别是潜在的责任方可能承担无限且不确定的责任，这使得投资者和开发商望而却步，致使污染场地闲置，无法开发，最终变成"棕地"。为此，美国后期对《超级基金法》进行了多轮修正和改革，其中包括 2002 年的《小规模企业责任减轻和"棕地"振兴法》和其他"棕地"有关的项目和计划。其中，《小规模企业责任减轻和"棕地"振兴法》规定了当出现某些特定情况时，有关责任可以免除。修改后的《超级基金法》受到各利益相关方的欢迎[30]。超级基金的具体管理程序见图 1.3。

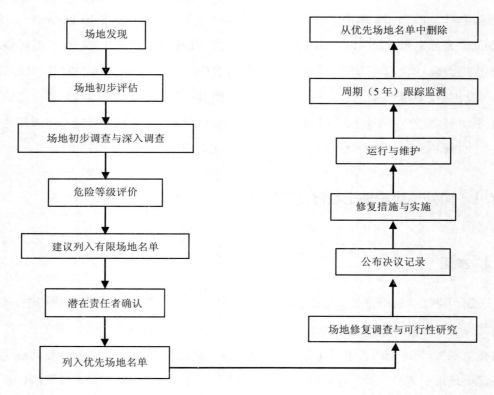

图 1.3　超级基金管理程序

美国超级基金主要用于土壤中污染物及其迁移的治理，尤其是对工业造成的土壤污染的治理。该法案自颁布以来，清理了大量的有害土壤、废物和沉积物。截至 2017 年 9 月 6 日，共有 1 342 个场地被正式列入国家优先治理场地名单，其中有近 400 个场地已完成修复工作。

近些年来，美国认识到，一个污染场地的修复过程需要用到能源、水和其他自然资源，并最终产生"环境足迹"。为此，美国提出了"绿色修复"的概念，即在实施过程中，充分考虑到可能产生的环境影响，并采取相应的措施减少环境足迹。2009 年美国国家环保局出台了首个"超级基金绿色修复战略"（以下简称"战略"），并于 2010 年进行了更新。"战略"作为超级基金的管理工具，明确提出了在进行场地评估和修复，或采取紧急清除行动时，如何最大限度地使用可再生能源、减少温室气体的排放和其他负面环境影响。该"战略"几乎涵盖了所有促进"绿色修复"的关键行动（其中包含 40 项具体行动）[32]，它们分别是：

（1）阐明"绿色修复"在修复措施的筛选和实施过程中起到的作用。

（2）提出实施纲要，以帮助项目执行人在修复过程中切实纳入"绿色修复"的理念。

（3）采取措施应对空气污染物的排放。

（4）开展试点工程，对"绿色修复"的应用进行评估和论证。

（5）在所签订的合约及其辅助协议中，应纳入所需采取的"绿色修复"行动。

（6）"实施者"之间应开展经验交流和分享。

（7）在项目层面上，制订一个用于评估修复过程中环境足迹的详细计划。

（8）在战略层面上，评估超级基金修复行动中产生的环境足迹。

同时，美国的《固体废物处置法》《清洁水法》《安全饮用水法》《有毒物质控制法》等法律也涉及土壤保护，形成了较为完备的土壤保护和污染土壤治理法规体系[33]。

2. 加拿大

加拿大的政策框架高度分散，因为加拿大规定污染场地管理是各个省的自身责任，联邦的参与仅仅局限于提供基金、技术援助以及制定联邦指导方针[30]。虽然不同省份的土壤保护法规不尽相同，但是，大多数省份的法规都具备以下特点：污染者付费原则；污染者责任可追溯；出于控制污染行动或污染场地的考虑，非污染者也能被追究责任；个人责任，在某些情况下公司主要管理人员和股东将承担相应责任。实际上，加拿大的污染场地法规与美国的《超级基金法》非常相似。

在联邦政府层面，设立了一个跨省的协调委员会，即加拿大环境补偿理事会（Canadian Council of Ministers of the Environment，CCME），该委员会制定了许多与污染场地相关的技术指南。加拿大环境部长理事会于 1989 年（《美国超级基金法》通过之后的第九年）迈出了处理污染场地问题的重要一步，即建立了《国家污染场地修复计划》（National Contaminated Sites Remediation Program，NCSRP）[34]，以提供人力与资金支持对联邦管辖区内的污染场地进行确定与评估、修复高风险的"遗弃场地"，并支持与场地修复技术、法律责任和修复标准相关的研究[35]。

加拿大建立了联邦污染场地管理框架，包括相关政策和最佳修复时间的建议，旨在采用连贯的方法对联邦辖区内的污染场地进行管理[34]。2003 年，加拿大政府制订了联邦污染场地加速行动计划，推进由联邦政府负责的污染场地修复行动，特别是那些对人体健康和环境造成巨大风险的场地。联邦一级的相关法律与管理政策包括《加拿大环境保护法》《加拿大环境评价法》《加拿大制定污染场地土壤质量修复目标值之导则》及《加拿大推荐土壤质量导则》《财政委员会关于解释污染场地成本和责任的政策》《加拿大印第安与北方事务部的污染场地管理政策》等。2003 年加拿大环境部长理事会制定了《含有石油和相关石油产品的地上和地下储罐系统的环境行为准则》，2006 年制定了《污染场地责任的推荐原则》，该原则在加拿大环境部长理事会处理污染场地责任原则的基础上，增加了一个新原则：在政府制定的特殊条件下，一个污染场地的环境法律责任可由卖方向买方转移，以确保场地修复工作的开展。另外，加拿大卫生部制定了《加拿大联邦污染场地对人体健康风险评估指南》，主要包括人类健康初步定量风险评估指南、加拿大卫生部毒理学参考值、污染场地人体健康风险评估审查指南、污染场地经理指南等。加拿大所颁布的一系列法规推动了加拿大"棕地"的再开发，促进了闲置或未被充分利用的商业财产的再开发，同时在一定程度上保障了人居环境安全。

3. 日本

日本在政策上主要沿袭了美国的基本模式，但又根据自身的特点进行了有效的改良。它将农业用地污染场地和工业污染场地分开立法管理，分别制定了《农业用地土壤污染防治法》和《土壤污染对策法》，这一点对于农业大国中国来说是非常值得研究和借鉴的。

2009 年 4 月，日本对《土壤污染对策法》进行了修订，该法案为修订前的 25 种有害物质设定了限值。若某块土地中任何一种物质的浓度超过法律规定的限值，且对人类健康构成风险，该块土地将被归为"指定区域"。与美国相比，日本根据自身实际情况建立了有效的土壤和地下水污染的管理框架，其共同点是注重污染预防，重视污染地块的修复改良和再利用，并在此过程中充分利用政府、地方及公众的资金和力量。另外，日本 2011 年对《土壤污染对策法》进行了又一次的修订，直接体现了日本在管理城市工业场地中遇到的问题和解决的办法，其中以下 4 点是非常值得关注的。

（1）更加强调信息公开。日本在污染土壤的管理中已认识到不隐匿污染土壤信息有利于环境风险的降低和管理的推进，所以日本土壤污染管理的各个环节都强调公众的知情权与参与权。

（2）风险管理为本。对调查结果超过土壤环境质量标准的土地并不实行"一刀切"的管理。法律规定，依据其环境风险的存在与否采取分级管理。

（3）将被动土壤污染状况调查和土壤环境管理变为一种主动行为[36]。《土壤污染对策法》实施后将原本作为其营销手段的调查和治理的措施转变为一种主动的新型的土壤污染风险管理和降低环境风险的相关服务产业，即土壤污染评价，有关土壤污染的保险业务的开发等一系列相关产业。

（4）更加注重修复过程中的环境管理。比如建立了土壤修复处理从业许可制度，从事污染土壤处理业的每个污染土壤处理设施都必须取得都、道、府、县知事的许可。同时，《土壤污染对策实施规则》规定修复措施实施过程中需制订周边环境保护计划，《基于土壤污染对策法的调查与处置技术指南》规定了周边环境保护计划的具体制订方法。

4. 欧洲

欧洲各国的污染场地管理政策差异较大。英国比美国更加客观现实，较早地采取了基于风险管理的污染场地管理方法。例如，在设定一个污染场地的修复目标时，应考虑该场地的未来用途和经济效益。荷兰和德国政策的突出特点在于他们把土壤看作不可再生资源，并把土壤修复的过程视为恢复土壤特定功能的过程[30]。

值得一提的是，意大利自 1989 年 5 月起便开始对污染土地进行立法管理。经过近 30 年的实践与发展，意大利在污染场地法律法规建设、制度与管理体系建设、标准与技术体系建设、国家档案建设等方面取得了卓越的成就，在危险废物污染场地修复、油田和废弃矿山修复、遗留遗弃工业区污染场地治理与修复、溢油或事故场地应急处理与治理、垃圾填埋场治理等方面积累了大量先进的技术和管理经验；这些技术和管理经验均值得我国借鉴，为此本书通过资料查询总结了意大利典型的修复案例，见表 1.2。

表 1.2　意大利污染场地修复案例汇总

序号	修复场地名称	修复场地的环境特征	修复场地的主要污染物	主要采用的修复策略和技术
1	某农药林丹生产厂	该区域的地质结构受厂区北部的一条河流主干影响，干流距离该厂 2 km。厂区东部 1.6 km 处有另外一条河流经过，厂区东南方向约 5 km 处有一个居民区，常住人口约 50 000 人。厂区地面以下 10～12 m 深度范围内有一个相对不透水层，初步认定为浅层含水层的底板。地下水自西南向东北流向干流	HCH（$C_6H_6Cl_6$）异构体、汞、氯化烃	原位热脱附或原地异位热解吸联用 MCD 技术为最经济可行的技术，同时选择焚烧作为备用修复技术
2	某制革厂	场地的岩性特征：从地面开始依次为沙层、卵石沙层，更深处则变成了粗砾石层。岩土具有中高度的渗透性，下层是由砾岩组成的底板，砾岩由粗颗粒到砂岩/到细岩再到易风化的粉砂组成	多环芳烃、石油烃、汞、铅、铜和锌	在考虑场地未来布局和用地类型的基础上首先进行了风险分析。通过检测得到的污染检测值低于风险的允许浓度，为此，该场地并不需要展开人工修复行动

序号	修复场地名称	修复场地的环境特征	修复场地的主要污染物	主要采用的修复策略和技术
3	某化肥厂	坐落于 7 m 厚的冲击淤泥上，南部和西部有河流，北侧和东侧有其他工业场所。冲击淤泥底部由粗沙层构成，在粉沙土中含有卵石和沙砾石，表层为沙土或沙质粉土，略厚。在冲击淤泥底部有一个厚度不同、质地均匀、几乎没有裂缝的岩石。场地表面覆盖有一层由工业废渣组成的回填层。场地右侧有一条河流，离最近城市的市中心约 1 km。场内雨水渗入，有来自大工业区周围山丘的地表径流输入	黄铁矿灰导致场地存在砷污染；氯化钠生产区域存在局部汞超标；地下水中铵离子浓度有所上升	首先进行了风险分析，以工人为受体的风险分析表明，只要不与土壤直接接触，对建筑工人并没有风险。具体修复方法：首先将该区域表层污染土壤（地面以下 1 m 以内）挖出，再回填覆盖一层干净的表层土壤，场地其余部分进行铺砌，经风险证明，无须进一步干预处理
4	某油库和输油站	储罐区位于一个冲击谷内，下方为 30 m 的粗质土层。潜水含水层位于地面以下 4～5 m，同时由于相邻河床，地下水脆弱性很高	确定的主要污染物是轻质烃和重质烃，以及铸造厂废弃物中所含的一些重金属污染（砷、汞、总铬、铅、镉、铜、锌）。另外，土壤中的矿物油和总石油烃也严重超标；地下水采样过程中发现了浮油	首先进行了特定场地的风险评估。土壤修复选用：轻质和中等重质石油烃污染土壤主要通过生物堆处理；重金属污染主要通过原位处理。针对石油烃污染的地下水修复，首先采用了撇油器系统进行了初步的油水分离，而后抽出对其进行处理
5	某储油设施场地	场地上有 8 个储油罐，2 个位于地上，2 个位于地下。场地陡峭区域的基岩发生了大面积变形及断裂，因此基岩中填入了卵石、沙土和黏土等物质。同时因修建储油改变了地面结构，包括在地表覆盖了一层回填土。表层回填土下的亚表层土渗透性较低，但由于基岩发生了断裂，所以水的渗透性较高，局部区域形成了水流	总石油烃	修建一个 20 m 高、307 m 长的锚式挡土墙及"柏林式"牵拉防护墙，以方便储罐移除和土壤挖掘。挖出的土壤采用生物堆法及洗涤法移除自由相物质

序号	修复场地名称	修复场地的环境特征	修复场地的主要污染物	主要采用的修复策略和技术
6	某石油储存和炼制场地	场地地势较为平坦，位于一个小山谷底部，在其东部的边界处有一个小溪流过。场地地层由上至下分别为：回填层，除碎石和砖块之外，还包括粉质沙土；冲积层，归类为乱石层，劣沙质土，局部延伸嵌入粉沙层土内；基岩，最上部的表层有裂痕，由页岩、沙岩和石灰岩组成	总石油烃污染，既有轻质烃，又有重质烃	生物堆修复技术
7	某炼油厂	该区域地层上面覆盖一层由粉土和黏土组成的低渗透层，再上方是浅层含水层。具体两个不同的主含水层：①深层含水层，处于高渗透性沙石和砾石层中，从地下8～10 m 处开始，厚度约50 m；②浅层含水层，正好位于黏土层之上，主要由沙石组成，厚度为2～10 m	苯、总石油烃	(1) 生物化学-物理处理及强化生物通风联合修复技术（并采用了释氧化物屏障）用于试点场地的修复。系统通过添加土壤微生物及额外供氧加速石油烃的降解。 (2) 原位修复技术。原位采用盖封和水力截留对沉积物进行丰谷和隔离，该方案不需挖出沉积物从而减少了挖掘运输费用，并防止了二次污染
8	某冶金场地	场区地层特征由上而下为： (1) 1 m 厚的回填层； (2) 不同粒度和渗透性的冲积层，其中含有渗透性较差的粉土或黏土层，深度为15 m； (3) 地面以下 100 m 处为凝灰岩； (4) 其他更深层冲积物，存在少量火山熔岩	砷、镉、汞、铅、铜、锡、锌	异位处理技术
9	某铅锌冶炼厂	从水文地质机构上来看，该区域有两个含水层：第一含水层主要为沙石和冲积层，渗透性很高；第二含水层主要由渗透性较差的材料组成	重金属（铊、镉和锌、汞、镍、铅、铜和钒微量）、石油烃、多环芳烃、四氯联苯	土壤洗脱技术+固化/稳定化修复技术

序号	修复场地名称	修复场地的环境特征	修复场地的主要污染物	主要采用的修复策略和技术
10	某铬生产厂	场地地层结构由上而下为：冲积沉积物层、裂隙发育的基岩层和非承压地下水含水层	总铬	原位土壤洗脱技术
11	某电子厂	地势平坦，海拔 4 m 左右。路面几乎被全部铺砌。场地地层结构由上至下为： （1）冲积沉积物层，由砾石和沙石混合物、松散细沙和黏土质粉沙组成； （2）含海洋沉积物的低粉土基质层（4~7 m）； （3）黏土质粉沙层约 20 m	总石油烃、铬、铜、镍、无机污染	异位处理技术

1.3.2 国外地块污染土壤修复技术应用情况

1. 美国

由于超级基金的支持，美国在污染场地修复技术的应用方面可以说是居于世界领先的地位。针对不同类型的土壤和地下水污染物和污染源，因地制宜地采取不同的管理规范，并成立不同的管理部门，多方筹措治理经费。1980 年以来，美国利用当时先进的技术手段有效地治理了一大批污染场地[37]。表 1.3 列出了美国部分场地修复案例。

美国超级基金网站的统计显示，1982—2005 年，美国共开展了 977 项修复项目，其中原/异位修复技术所占项目总数的比例分别为 48% 和 52%，主要技术应用比例为原位蒸发提取（26%）＞异位固化/稳定化（18%）＞异位焚烧（11%）。这说明当时美国修复工程大多使用异位修复，包括异位固化/稳定化、异位焚烧和异位热脱附等修复技术。

表 1.3　美国 NPL 污染场地修复案例

序号	修复场地名称	修复时间	修复场地的使用历史	修复场地的主要污染物及污染程度	主要采用的修复策略和技术
1	卡玛卫生填埋场	1 年	接收并处置城市废弃物	二氯乙烯、苯、四氯乙烯、铅、PCBs 和 PAHs	固化/稳定化技术
2	科尔伯特填埋场	3 年	主要处理市政及商业废弃物，后期用于接受电子制造业废物、各种废有机溶剂和其他化学品	二氯甲烷、四氯乙烯、三氯乙烯、1,1,1-三氯乙烷、1,1-二氯乙烯、1,1-二氯乙烷	(1) 安装和运行地下水拦截系统、防止污染物在两个含水层进一步扩散；(2) 通过在易受污染的东部地区安装和运行抽取井，去除已进入含水层的污染物；(3) 填埋场封场，在填埋场覆盖大约 32 英亩的膜，包括一层 1.5 mm 厚的高密度聚乙烯膜，一层 6 英寸的保护层，在高密度聚乙烯层表面覆盖 18 英寸厚的沙石排水层，然后覆盖一层 6 英寸厚的表层土。排水系统直接安装在覆盖系统的顶部；(4) 在井和沟渠的周围与内部安装填埋气收集系统，收集填埋场的气体，并输送到处理设施，并使用活性肽对其进行处理
3	特拉华州沙和砾石填埋场	7 年	处置化工生产、制造、石油精炼过程中产生的污泥和废液	丙酮、苯、氯苯、二氯乙醚、1,2-二氯乙烷、二氯甲烷、多氯联苯、甲苯、三氯乙烯、二甲苯、砷、钡、铜和铅	生物修复；生物活细胞处理和垂直生物通风处理技术
4	亚拉巴马州电镀公司	3 年	生产电镀和热浸镀设备	砷、镉、氰化物、铬、铅、汞、镍和锌	土壤阻隔填埋技术
5	美国黄铜公司	3 年	二手铜冶炼厂和铸造厂	钡、铬、铜、镍、铅和锌	异位植物修复技术
6	埃达克海军航空站	3 年	美国军事力量的关键操作地和供应地	2,4,6-三硝基甲苯、旋风炸药、二硝基甲苯（十六氟庚烷）、2,4,6-四硝基苯胺、硝酸甘油	异位焚烧

序号	修复场地名称	修复时间	修复场地的使用历史	修复场地的主要污染物及污染程度	主要采用的修复策略和技术
7	金海岸炼油厂	7 年	炼油	铅	异位固化/稳定化技术
8	通用磨坊和德国汉高公司	7 年	使用土壤吸收坑处理实验溶剂	苯、甲苯、乙基苯、二甲苯、甲基异丁基酮、二氯甲烷、1,1,1-三氯乙烷、1,1,2,2-四氯乙烷、1,1,2-三氯乙烷、1,1,2,2-四氯乙烯、氯苯、三氯乙烯	挖掘、水泥浆帷幕及土壤覆盖，土壤淋洗技术
9	东兰毛纺厂	5 年	生产羊毛和混纺织物	1,2,4-三氯苯、1,2-二氯苯、1,3-二氯苯、1,4-二氯苯、砒霜、锰	原位处理技术，包括生物降解、化学氧化技术
10	荣钢公司	26 年	初期生产钢丝和电缆，后期生产钢铁和金属制品	（1）东南方的公园：蒽、锑、砷、苯甲酸、铍、双（2-乙基己基）邻苯二甲酸二酯、铬、荧蒽、铅、锰、二氯甲烷、多环芳烃、嵌二萘、甲苯、钒、二甲苯； （2）矿渣堆放区：1,1,1-三氯乙烷、2-丁酮、丙酮、蒽、锑、砷、钡、苯、铍、乙基己基酯类、镉、四氯化碳、氯苯、三氯甲烷、铬、铜、邻苯二甲酸二正丁酯、乙苯、荧蒽、铅、锰、锌、四氯乙烯、铁、烃类； （3）厂房、设备区：1,2-二氯乙烷、2,4-二甲苯酚、2-丁酮、2-甲酚、二氢苊、三氧化二砷、砷、苯甲醇、苯甲酸、环氧七氯等； （4）土壤、泥土区：2-甲基萘、芴、萘嵌戊烷、苊烯、蒽、砷、苯类、铬、菌、铅、铁、锰、菲	（1）东南方花园：场地外清理、挖掘及场地内的循环再利用； （2）矿渣堆放区：先对污染土壤进行挖掘，场外处理，并对挖掘地块进行覆膜。采用原位固化/稳定化的修复技术进行修复，同时结合使用边坡稳定技术及植物修复技术对其进行修复； （3）土壤区：采用挖掘、覆膜、脱水、制度控制等技术进行修复
11	马拉松电池公司	1989 年	生产军用和商用电池	湿地区：镉、钴、镍； 峡谷+码头区：镉、镍； 建筑区：1,1,1-三氯乙烷、1,2-二氯乙烯、镉、三氯甲烷、镍、四氯乙烯、三氯乙烯	湿地区：采用了清挖、排水/侵蚀控制及场地外/内固化/稳定化技术； 峡谷+码头区：场地外/内固化/稳定化技术、原位固化/稳化定技术； 建筑区：异位通风、自然衰减法、原位+异位稳定化/固化技术、残差处理技术

序号	修复场地名称	修复时间	修复场地的使用历史	修复场地的主要污染物及污染程度	主要采用的修复策略和技术
12	AVTEX 纤维有限公司	1991—2014	生产人造纤维和其他合成材料	OU2 稳定区：酸性化合物、多氯联苯、不知名的液体废物；OU7 地下水和地表水区：2-甲酚、丙酮、铝、砷、镉、二硫化碳、铬、钴、氰化物、铁、铅、镁、锰、萘、镍、五氯苯酚、硅、钠、钒、锌	异位固化/稳定化技术
13	Palmerton 锌制造厂	1988 年开始，至今仍在进行	冶炼及堆存矿渣	OU01：镉、铅、锌；OU02：镉、铜、铟、铅、锰、锌；OU03：砷、铅	OU01：地下水泵、植物修复技术、添加土壤改良剂；OU02：在垃圾填埋场上方覆膜、排水/侵蚀控制、使用渗滤液复样、巩固斜坡；OU03：原位生物降解、生物氧化及挖掘
14	Jacksonville 焚化厂	2009 年开始，至今仍在进行	焚化厂	丙酮、铝、锑、砷、钡、铍、镉、氯乙烷、铬、铜、铁、锰、镍、银、锌、铊	土壤阻隔填埋技术
15	瑞利焦油化工	1994 年开始，至今仍处于修复阶段	煤焦油精炼和木材处理	土壤污染：丙酮、氨、砷、苯、汞、二氯甲烷、甲基萘、镍、五氯苯酚、吡啶、苯乙烯（单体）、甲苯、三氯乙烯、钒（烟或尘）	土壤修复：碳吸附、残差处理、植被恢复、异位稳定化/固化技术、原位热处理技术、制度控制等
16	LAKE CITY ARMY AMMUNITION PLANT 弹药厂	2000 开始至今仍处于修复中	军事用品制造	OU1：锑、砷、苯并[b]荧蒽、苯并[k]荧蒽、苯并蒽、苯并[a]芘、四氯化碳、氯乙烯、氯仿、铅、锰、四氯乙烯、三氯乙烯等；OU2：18 区（前坑处理区）四氯化碳、氯乙烯、氯仿、铜、邻苯二甲酸二丁酯、二氯甲烷、乙苯、铁、铅、锰、汞、萘；OU3：二氯乙烷、锑、砷、铅、萘、镍、苯并[b]荧蒽、苯并蒽、苯并[a]芘、镉、四氯化碳、氯乙烯、二氯甲烷；OU4：铅、铀-238	OU1：异位空气抽提、原位生物降解、液压控制、监测式自然衰减法及长期控制来进行修复；OU2 18 区（前坑处理区）：原位生物降解、地下水抽出、原位地下水药剂注射、原位稳定/固化处理、长期监测等；OU3：原位生物降解、污染物密封、液压控制、监测式自然衰减法及长期监测制度；OU4：制度管理

序号	修复场地名称	修复时间	修复场地的使用历史	修复场地的主要污染物及污染程度	主要采用的修复策略和技术
17	CHEMICAL COMMODITIES，INC. OLATHE，KS 化工公司	2 年	生产和运输化学品	包括重金属、挥发性和半挥发性有机化合物、多氯联苯、多芳香烃和杀虫剂	覆膜、通风系统、异位化学氧化/还原技术、监测式自然衰减法及制度管理等方法
18	莱德维尔公司	目前仍在进行	采矿	砷、镉、铜、铅、锌	异位沉降、植被修复、土壤改良剂、液压控制、其他异位处理技术、制度控制

然而，2002—2005 年，美国年度财政支出中 60%污染源处置工程采用的是原位修复技术，比 1982—2005 年高出 12 个百分点，而原位修复具备无须开挖、费用低、施工影响较小等优点，由此可以预测美国在未来将会尽量以原位修复工程为主、异位修复为辅，并会逐步降低可能产生二次污染的技术应用比例（如焚烧等）。

根据 2013 年美国国家环保局公布的超级基金公报所统计的美国污染场地各种原位修复处理技术应用的分布比例来看（图 1.4），在各种原位修复技术中，土壤气相抽提、化学处理及生物处理的应用比例较高；另外，热处理技术的使用比例逐年下降，由 2005 年的 47%直降到 0%。由此可见，美国在治理污染场地土壤及地下水过程中，已经开始逐步摒弃会产生二次污染的修复技术，如焚烧等。

从各种土壤及地下水修复技术的应用发展历程及我们收集的案例来看，美国污染场地治理以各种污染风险管理控制制度与联合修复技术使用为主。原位微生物修复和原位化学处理技术会逐渐替代地下水抽出处理技术。各种修复技术的联合使用，尤其是各种修复技术与监测自然衰减技术的联合使用会在未来的修复选择策略中占据主要地位。

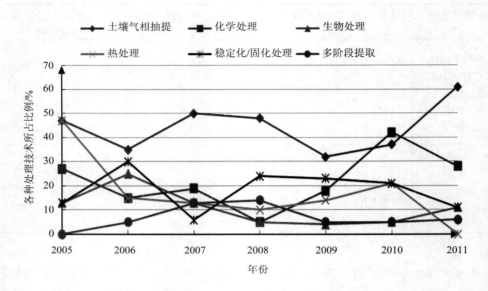

图 1.4   原位修复技术中各种处理技术所占比例

2. 其他发达国家

其他发达国家的土壤修复工程的开展是充分结合自身特点而有所侧重的。英国奉行科技治污，将土壤修复较为规范地分为物理、化学、生物修复技术三大方面；德国则强调对污染场地需进行详细摸底调查后进行优先等级排序，针对不同的污染场地采用不同的修复技术；而日本是将风险管理控制制度放在主导地位，并相应地制定了相关法律。

据统计，欧洲每年约有 21.1 亿欧元用于污染土壤的修复及管理工作。在 1978—2007 年，欧洲各国根据本国国情，所采用的土壤修复技术存在明显的差异。欧洲运用原位和异位热脱附、原位和异位生物处理、原位和异位物化处理技术修复污染场地的项目占所有统计项目的 69.17%，其中原位热脱附、原位生物处理和原位物化处理修复技术占 35%，异位热脱附、异位生物处理和异位物化处理修复技术占 34.17%，二者比重相当，其他修复技术占 30.83%。在实际工程中，生物处理技术运用最多，达到 35%，其中原位生物处理占 18.33%，异位生物处理占 16.67%。另外，将污染土壤作为废弃物而非可再生资源处理（包括挖掘处置技术、污染场地管制等）的工程项目在欧洲仍占有较大的比重，达到 37%[38]。

1.3.3 国内地块污染土壤修复情况

我国的污染土壤修复研究起步较晚，自 2001 年土壤修复技术研发纳入国家 "863" 高技术研究与发展计划资源环境技术领域以来[39]，我国初步建立了部分重金属、持久性有机污染物、石油烃、农药污染土壤的修复技术体系。2009 年，国家科技部设立了第一个污染场地修复技术研发项目——典型工业场地污染土壤修复技术和示范，其中包括有机氯农药污染场地土壤淋洗和氧化修复技术、挥发性有机污染物污染场地土壤气提修复技术、多氯联苯污染场地土壤热脱附和生物修复技术、铬渣污染场地土壤固化/稳定化和淋洗修复技术，这标志着我国工业企业污染场地土壤修复技术研究与产业化发展的开始。同期，科技部还资助开展了硝基苯污染场地和冶炼污染场地土壤及地下水污染修复技术研发与示范工作。在 "十一五" 期间，原环境保护部在全国土壤污染调查与防治专项中开展了 "污染土壤修复与综合治理试点" 工作，在重金属、农药、石油烃、多氯联苯、多环芳烃及复合污染土壤治理修复方面取得了创新性和实用性技术研究成果。生态环境部对外经济合作中心（FECO）"POPs 履约办" 资助了多氯联苯、三氯杀螨醇、灭蚁灵、二噁英等污染场地调查、风险评估、修复技术研究，有力地支持了 POPs 污染场地的监管与履约工作[40]。

近十年来，各省相继开展了土壤修复技术研究和场地修复工程应用案例工作[41]，物理、化学、生物及其联合技术逐渐应用到工程实践中。例如，2005 年上海世博会北区场地土壤修复工程采用固化/稳定化技术处理了受铜、锌、砷和苯并[a]芘等污染土壤；2007 年北京红狮涂料厂土壤修复工程，采用了水泥窑焚烧固化处理技术处理受六六六、滴滴涕污染的 14 万 m³ 土壤，修复后场地达到居住用地标准；2008 年，中国石油兰州石化分公司硝基苯装置拆除及污染土壤修复工程采用安全填埋的方法处置了 8 000 m³ 苯、硝基苯污染土壤；2009 年杭州炼油厂退役厂区土壤修复工程采用热解吸技术处理了

36 000 m³ 受多环芳烃和苯系物污染的土壤；2010 年北京宋家庄交通枢纽污染场地修复
工程采用微生物和水泥窑协同处置联合技术处理了 82 000 m³ 受六六六、滴滴涕及二甲
苯污染的土壤；2011 年北京地铁 7 号线工程污染土壤修复工程采用气相抽提（SVE）和
水泥窑协同处置联合技术处理了受重金属、VOCs 和总石油烃复合污染土壤；2012 年原
武汉染料厂生产场地重金属复合物污染土壤修复治理工程项目采用固化/稳定化和化学
氧化联合技术处理了受铅、汞、镉、铬等重金属污染和有机物污染的 376 000 m³ 土壤；
2013 年辽宁省大连某化工集团污染场地修复治理工程采用热脱附和淋洗技术处理受重
金属砷、铅、汞和多环芳烃污染土壤；2014 年金陵拜耳聚氨酯有限公司场地土壤和地下
水修复工程采用异位气相抽提技术处理受 1,2-二氯丙烷、氯仿、1,2,3-三氯丙烷、双（2-
氯异丙基）醚污染土壤；2015 年中国长江动力集团有限公司原址场地收储地块污染土壤
修复治理工程采用原地异位微生物修复法、水泥窑协同焚烧、水力淋洗分选法联合修复
受石油烃和重金属污染土壤；2016 年南宁化工集团有限公司搬迁地块土壤修复工程采用
异位固化/稳定化、异位热脱附、异位化学氧化、异位化学氧化及固化/稳定化联合技术
处理受重金属砷、铬、铅、镍、SVOC 和 VOC 及石油烃污染土壤等。这些不断进行的
场地修复工程实践为未来更多、更复杂污染场地的修复和管理提供了技术支撑和实践经
验。我国各省工业企业土壤修复部分案例见表 1.4。

表 1.4　国内土壤修复案例

序号	地区	项目名称	污染物	修复技术
1	吴江区	吴江区某生态文明建设重点项目	石油烃类、苯系物等	热相分离技术
2	江苏省苏州市	遗留农药污染场地修复	苯系物、PAHs 等挥发性或半挥发性有机物	常温解吸、热脱附
3	北京市	染料厂污染土壤修复	重金属（Hg、Cd、Cr、Ni、Cu、Zn、As、Pb）、半挥发性有机物	热脱附/解吸、水泥窑焚烧固化处理技术
4	河北省	河北某化肥厂砷污染修复工程	砷	固化/稳定化技术+覆土阻隔技术（铺设 HDPE 膜，其上覆土 0.5 m，防止因雨水淋溶导致污染物迁移）

序号	地区	项目名称	污染物	修复技术
5	华北地区	华北某化工城市污染土壤修复工程	1,2-二氯乙烷、氯仿、氯乙烯等有机污染物	常温解吸、原位注入（土壤修复工艺为常温解吸工艺；地下水中试实施过程中采用注射基于缓释碳源+零价铁的还原药剂EHC进行原位修复，通过铁碳共同作用刺激降解还原脱氯作用）
6	江苏省溧阳市	溧阳鑫海化工厂污染场地清理和危险废物处置工程	持久性有机污染物	水泥窑协同处置、异位化学氧化技术、固化/稳定化技术、填埋
7	江苏省常州市	常化厂污染场地深层污染土壤修复	氯仿、二氯乙烷、甲苯、苯胺	水泥窑协同处置
8	江苏省苏州市	东升F地块土壤污染 治理工程	甲苯、二甲苯、铬	气相抽提（SVE）、微生物技术
9	江苏省常熟市	常熟市晨光化工厂污染场地清理和危险废物处置工程	持久性有机污染物	水泥窑协同处置、异位化学氧化技术、固化/稳定化技术、填埋
10	江苏省胡埭镇	无锡胡埭电镀厂重金属污染场地土壤修复示范工程	铬、铜、镍、铅、锌等重金属	淋洗技术、固化/稳定化技术
11	江苏省常州市	常州某大型化工厂土壤修复项目	六六六、六氯苯、五氯苯、二氯苯等	异位化学氧化技术
12	江苏省高邮市	高邮某小区污染土壤治理项目	二氯乙烷	异位化学氧化技术
13	江苏省南通市	南通星辰材料厂污染场地修复治理工程	乙苯、二氯乙烷、氯乙烯	气相抽提（SVE）
14	江苏省南京市	小南化地块土壤工程施工项目	重金属、挥发性、半挥发性污染	异位化学氧化技术
15	江苏省南通市	南通市姚港化工区土壤修复工程	挥发、半挥发性有机污染物、农药	热解吸技术、异位化学氧化技术
16	江苏省扬州市	扬州某小区污染土壤修复工程	苯	异位化学氧化技术
17	江苏省苏州市	苏州安利化工厂原址污染场地土壤修复项目	甲基丙烯酸甲酯、铅	水泥窑协同处置
18	江苏省苏州市	苏州机械仪表电镀厂原址场地污染土壤治理修复项目	砷、铬、铜、锌、镍、氰化物	水泥窑协同处置

序号	地区	项目名称	污染物	修复技术
19	江苏省南京市	金陵拜耳聚氨酯有限公司场地土壤和地下水修复工程	1,2-二氯丙烷、氯仿、1,2,3-三氯丙烷、双（2-氯异丙基）醚	异位气相抽提
20	江苏省南通市	南通醋酸化工股份有限公司退役场地污染土壤修复工程	有机物	原位修复
21	大连市	辽宁省大连某化工集团污染场地修复治理工程	重金属（As、Pb、Hg）、多环芳烃（苯并[a]芘等7种）、苯系物	热脱附、淋洗技术
22	上海市	上海世博会北区场地土壤修复工程	重金属（铜、锌、砷等）、多环芳烃（苯并[a]芘等）	固化/稳定化技术
23	山西省晋中市	山西昔阳铬污染土壤修复工程	铬	淋洗技术
24	北京市朝阳区	北京焦化厂南厂区土壤修复项目	酚、硫化物和多环芳烃	填埋
25	北京市朝阳区	北京染料厂污染土壤修复项目	六氯苯、三氯苯、重金属	热解吸技术、水泥窑协同处置
26	北京市丰台区宋家庄	北京化工三厂土壤修复项目	四丁基锡、邻苯二甲酸二辛酯、滴滴涕、铅、镉	水泥窑协同处置、阻隔填埋处理技术
27	北京市	北京市红狮涂料厂土壤修复项目	滴滴涕、六六六	水泥窑协同处置
28	北京市	北京染料厂污染土壤修复项目	重金属（汞、镉、铬、镍、铜、锌、砷、铅）、半挥发化学有机物	热解吸技术、水泥窑协同处置
29	北京市	北京宋家庄交通枢纽污染场地修复工程	滴滴涕、六六六、二甲苯	微生物技术、水泥窑协同处置
30	北京市	北京地铁 7 号线工程污染土壤处置 01 合同段	挥发性有机物和总石油烃、重金属	水泥窑协同处置
31	北京市	北京地铁 7 号线工程污染土壤处置 02 合同段	挥发性有机物和总石油烃、重金属	水泥窑协同处置
32	北京市朝阳区	原北京化工二厂和北京有机化工厂污染场地修复工程项目	重金属和 1,2-二氯乙烷、氯仿、氯乙烯等挥发性有机污染物	热解吸
33	福建省福州市	福建省东南电化股份有限公司老厂区污染土壤修复工程设计和施工总承包项目	重金属（汞）、六六六	固化/稳定化技术、热解吸

序号	地区	项目名称	污染物	修复技术
34	甘肃省兰州市	中国石油兰州石化分公司硝基苯装置拆除污染土壤修复	苯、硝基苯	填埋
35	湖北省十堰市	郧阳区含铬污染土壤修复示范工程	铬	固化/稳定化技术、填埋
36	湖北省武汉市	原武汉农药厂污染土壤修复项目	六六六、滴滴涕	微生物技术、水泥窑协同处置
37	湖北省武汉市	原武汉染料厂生产场地重金属复合物污染土壤修复治理工程项目	铅、汞、镉、铬等重金属污染和有机物污染	固化/稳定化技术、化学氧化技术
38	湖北省武汉市	原湖北普天电池有限公司	铅	固化/稳定化技术、填埋
39	湖南省株洲市	株洲市清水塘历史遗留废渣修复治理	镉、铅、砷、汞、锌、酸、碱	固化/稳定化技术
40	湖南省株洲市	株洲市霞湾港重金属污染治理一期工程	底泥中镉、铅、汞、锌	固化/稳定化技术
41	浙江省宁波市	中国石油化工股份有限公司镇海炼化分公司	苯酚、硝基苯和对硝基苯	填埋、固化/稳定化技术
42	浙江省杭州市	杭州沥青拌合厂退役场地污染土壤修复工程	砷	固化/稳定化技术
43	浙江省杭州市	杭州炼油厂退役厂区土壤修复工程	多环芳烃和苯系物	热解吸技术
44	浙江省杭州市	杭州煤气厂退役场地土壤修复工程	锌、甲苯	固化/稳定化技术、热解吸技术
45	浙江省杭州市	杭州庆丰农化厂退役厂区土壤修复工程	甲草胺、乙草胺、杀菌剂咪鲜胺原药等有机物	热解吸技术
46	浙江省杭州市	杭州长河化工有限公司退役场地修复	氯化苯、苯乙腈、醋酸乙酯	异位化学氧化技术
47	北方某城市	汽车部品有限公司厂区内 Cr（Ⅵ）污染修复	重金属 Cr（Ⅵ）	异位化学还原技术
48	南方某城市	南方某热电厂污染场地修复工程	邻甲苯胺、1,2-二氯乙烷、苯并[a]芘、2,6-二硝基甲苯、2,4-二硝基甲苯、砷、镍	采用原地异位固化/稳定化工艺修复重金属污染土壤，原位热脱附工艺修复深层有机污染土壤，原地异位间接热脱附修复浅层有机污染土壤
49	广东省广州市	广州市永大集团公司（非居民区）地块	As、Pb、Ni、Hg 和 PAHs	—

序号	地区	项目名称	污染物	修复技术
50	广东省广州市	广州油制气厂地块	石油烃、多环芳烃	原位热脱技术
51	广东省广州市	人民制革厂地块	总铬、三价铬、六价铬	异位化学还原法+土壤阻隔技术
52	广东省广州市	广州制漆厂地块	铅、SVOCs、苯系物和石油烃	异位化学氧化技术
53	广东省广州市	黄埔化工厂地块	铅、镉、铜、锌、镍、砷、汞苯系物和石油烃	重金属污染：异位固化稳定化技术；有机物污染：化学氧化技术；刺激性异味土壤：化学氧化技术+常温解吸技术
54	广东省广州市	黄埔大道东646号地块	镍、锌	水泥窑协同处置法
55	广东省广州市	广东省畜产进出口集团羽绒厂	砷	异位固化稳定化技术
56	广东省广州市	百花香料地块	苯并[a]蒽、邻苯二甲酸双酯、总石油烃	异位化学氧化技术
57	广东省广州市	广钢白鹤洞厂区	重金属、多环芳烃、总石油烃	异位热脱附技术
58	广东省广州市	广纸集团海珠厂区	砷、铜、铅、锌、石油烃	水泥窑协同处置技术

据不完全统计，2008—2016年，我国177个土壤修复项目中，土壤修复以污染介质治理技术为主的占68%，污染途径阻断技术占32%。在污染介质治理技术中，物理化学联用和生物技术成为主要技术，分别占32%和27%；物理、化学单一类技术应用占比相对较小，分别为2%和7%。其中物理/化学修复技术中研究运用较多的主要包括[38]：

（1）固化/稳定化技术。

（2）水泥窑协同处置技术。

（3）化学氧化/还原技术。

（4）土壤淋洗技术。

（5）土壤电动力学修复。

（6）异位热脱附技术。

联合修复技术中研究运用较多的主要包括：

（1）微生物/动物/植物联合修复技术。

（2）化学/物化/生物联合修复技术。

（3）物理/化学联合修复技术。

从总体来看，目前我国土壤修复使用比较成熟的技术主要是异位修复技术，原位修复技术应用相对较少，但近年来逐渐增加；土壤修复技术中，填埋/阻隔、固化/稳定化和热处理技术应用比较广泛；监测自然衰减技术、生物修复、多相抽提技术等应用相对较少。从技术设备来看，我国修复设备研发相对滞后，现有的修复技术和设备主要从国外引进或者在国外引进的基础上加以改装以适应国内的土壤条件，在使用方式上有购买和租赁，其中租赁占据较大比例[42]。

参考文献

[1] 梁思源，吴克宁. 土壤功能评价指标解译[J]. 土壤通报，2013，44（5）：1035-1040.

[2] 王洪波，朱桂林. 城市土壤多功能复合利用助推绿色北京建设[J]. 中国发展，2017，17（5）：42-47.

[3] 杨京京. 开垦年限对新疆岳普湖县盐渍化土壤理化特性影响[D]. 乌鲁木齐：新疆农业大学，2015.

[4] 吴克宁. 土壤质地分类及其在我国应用探讨[J]. 土壤学报，2019，56（1）：227-241.

[5] 欧康泉. 土壤结构特征与改良技术[J]. 农技服务，2013，30（2）：142，145.

[6] 佚名. 摸清土壤家底　酸碱治理对症[N]. 农业科技报，2014-12-16（D3）.

[7] 刘晓霞，田义文. 我国土壤污染防治法律责任构建[J]. 理论导刊，2010（1）：81-83.

[8] 郝庆，孟旭光，强真. 新时期国土规划编制环境分析及开展建议[J]. 经济地理，2010，30（7）：1181-1184.

[9] 李奇伟. 污染场地治理法律制度研究[D]. 重庆：重庆大学，2015.

[10] 杨穆. 污染场地治理中的 PPP 运作模式研究——以 Y 公司场地修复项目为例[D]. 济南：山东财经大学，2017.

[11]　王世进，彭小敏. 污染场地环境风险法律管理研究[J]. 甘肃政法学院学报，2016（6）：101-109.

[12]　彭小敏. 污染场地修复治理法律机制研究[D]. 赣州：江西理工大学，2018.

[13]　王宋辉. 基于 GIS 与 RS 的矿区土地利用动态变化研究[D]. 合肥：合肥工业大学，2005.

[14]　盛祝东. 采矿废弃物对土壤和水体的影响与处置分析[J]. 中国新技术新产品，2012（8）：8-9.

[15]　何盛明. 财经大辞典[M]. 北京：中国财政经济出版社，1990.

[16]　宋昕，林娜，殷鹏华. 中国污染场地修复现状及产业前景分析[J]. 土壤，2015，47（1）：1-7.

[17]　朱会卷，董兵，董晓杰，等. 美国拉夫运河土壤污染事件的健康研究解析[J]. 环境卫生学杂志，2017（1）：79-84.

[18]　张奕璞. 毒地与人：美国拉夫运河事件[J]. 青年与社会，2014（15）：354.

[19]　王喜奎. 化学工业园区土地使用安全规划方法研究[D]. 北京：首都经济贸易大学，2007.

[20]　张婷. 欧盟开启"法办"危化品之路[N]. 新京报，2015-08-23（B06-07）.

[21]　陈博. 塞韦索爆炸事件[J]. 世界环境，2015（5）：51-51.

[22]　全流程管控百万批次"炸药包"[N]. 上海法治报，2015-08-25.

[23]　李宓. 工业事故后，如何清除环境影响[EB]. http://www.xinhuanet.com/world/2015-08/14/c_128130415.htm[2015-08-14].

[24]　刘相梅，任艳明，李剑，等. 意大利环境风险管理探究[J]. 环境经济，2011（3）：40-44.

[25]　莫若斌，曲伯华. 1931 年日本发生富山"痛痛病"事件[J]. 环境导报，2003（16）：20-20.

[26]　1931 年日本富山发生"痛痛病". http://www.people.com.cn/GB/huanbao/56/20011123/611853.html[2001-11-23].

[27]　袁隆平. 水稻亲本去镉技术获突破[J]. 中国农村科技，2017（12）：26-27.

[28]　贾闻婧，柯岫，胡红刚，等. 基于日本"痛痛病"的环境反思[J]. 绿色科技，2014（7）：224-226.

[29]　谢剑，李发生. 中国污染场地修复与再开发[J]. 环境保护，2012（2）：14-24.

[30]　郑丹. 污染场地修复法律制度研究[D]. 重庆：重庆大学，2015.

[31]　蔡艺. 地方政府在污染场地治理过程中的生态行政责任研究[D]. 武汉：武汉理工大学，2012.

[32]　朱雪强，韩宝平，许爱芹. 污染场地绿色可持续修复：概念、框架及评估方法[C]//中国环境科学学会 2013 年学术年会论文集. 中国矿业大学，徐州工程学院，徐州医学院，2013：4978-4986.

[33] 赵梅. 土壤污染防治立法研究[C]//2007 年中国法学会环境资源法学研究会年会论文集. 昆明理工大学，2007：1259-1267.

[34] 周海燕. 武汉青江化工场地污染物监测与健康风险评估[D]. 武汉：华中科技大学，2012.

[35] 许亚飞，余勤飞，毕如田，等. 发达国家污染场地数据库系统建设及其对我国的借鉴[J]. 环境工程技术学报，2013，3（5）：458-464.

[36] 赵玉丹. 土壤污染防治法律问题研究[D]. 保定：河北大学，2013.

[37] 张涛，丁贞玉. 土壤及地下水污染修复技术、专利与行业发展分析[J]. 环境污染与防治，2016，38（7）：93-98.

[38] 杨勇，何艳明，栾景丽，等. 国际污染场地土壤修复技术综合分析[J]. 环境科学与技术，2012（10）：92-98.

[39] 刘世伟，高胜达，蒲民，等. 污染场地修复如何迎接时代机遇[J]. 环境保护，2011（17）：40-42.

[40] 骆永明. 中国污染场地修复的研究进展、问题与展望[J]. 环境监测管理与技术，2011，23（3）：1-6.

[41] 李淑燕，谢红彬. 重金属污染场地修复效果评价研究[J]. 海南师范大学学报（自然科学版），2015（2）：190-193.

[42] 李瑞玲，王文懿. "十三五"土壤修复市场可达 849 亿元[N]. 中国环境报，2016-11-08（10）.

第 2 章
我国工业场地土壤污染类型与特征

2.1 我国工业场地土壤污染概况

改革开放以来，我国产业结构由"二一三"向"二三一"，再向"三二一"演变，特别是党的十八大以来，我国发展条件和比较优势发生了重大变化，新技术、新产业、新业态不断涌现，数字经济、平台经济、智能经济、"互联网+"等新经济快速发展，产业结构加快从以劳动密集型消费品工业和原材料型重化工业为主，向以资本、技术密集型制造业和满足生产生活需要的现代服务业为主转型。随着"退二进三""退城进园"及"产业转移"等城市发展策略的实施，大批企业关闭与搬迁[1]，遗留了数量庞大的工业场地，其中大部分企业地块呈"斑块式"分散于城市中心，土壤环境风险隐患突出。

根据 2014 年《全国土壤污染状况调查公报》[2]，全国土壤环境状况总体不容乐观，工矿业废弃地土壤环境问题突出。从污染类型来看，以无机型为主，有机型次之，复合型污染比重较小；从污染分布情况来看，南方土壤污染重于北方，长江三角洲、珠江三角洲、东北老工业基地等部分区域土壤污染问题较为突出。本次调查的全国土壤总超标率为 16.1%，工业场地周边土壤超标率较高；其中重污染企业用地超标点位占 36.3%、工业废弃地超标点位占 34.9%、工业园区超标点位占 29.4%、采矿区超标点位占 33.4%；超标点位主要污染物为锌、汞、铅、铬、砷、铜等无机物，及多环芳烃等有机物，涉及行业包括矿业、冶金业、化工业、皮革制造、造纸、电力等行业。

从 2004 年北京宋家庄地铁站挖掘作业人员中毒，到 2016 年常州外国语学校"毒地"事件，工业场地土壤污染问题逐渐受到关注。《中华人民共和国土壤污染防治法》（2019年）、《工矿用地土壤环境管理办法（试行）》（2018 年）、《污染地块土壤环境管理办法》（2017 年 7 月）等对用地流转及用途变更等情况要求进行土壤污染状况调查等一系列活动（详见 3.2.1 1.），加强了对工矿用地的保护、监督和管理，防治工矿场地的污染，减小了工业场地土壤污染对人体造成危害的风险。目前，对工业场地污染土壤研究不断深入，修复技术也在持续发展。

2.2　我国工业场地土壤污染主要类型与特征

2.2.1　我国工业发展历程

根据我国工业各时期发展特征可以将工业发展分为 4 个阶段[4]：

1978—1990 年为工业恢复调整与波动增长阶段，劳动密集型轻纺工业发展较快；

1991—2000 年，我国工业进入工业化进程加速推进阶段，1992 年邓小平同志南方谈话后，我国作为"世界工厂"的国际分工地位初步确立，这一时期的工业增加值增速明显高于国内生产总值增速，以家电为主的耐用消费品快速发展；

2001—2010 年，工业在 GDP 中占比始终维持在高位，由于工业结构演进的内生动力，重化工业增长迅速；

2011—2016 年，工业 GDP 占比从 39.9%下降至 33.3%，工业增速从 10.8%下降至6.0%，"双降"态势明显，结构调整和创新升级成为工业发展最紧迫的主题。

由上可以看出，我国工业发展阶段经历了工业化初期——轻纺工业发展阶段、工业化中期——重化工业发展阶段，现在正在经历工业化后期——技术密集工业发展阶段。

进入 21 世纪后，粗放式经济增长模式造成环境急剧恶化，工业已经成为环境污染的主要源头。近些年来，我国加大了节能减排及环保督察力度，而工业结构调整是控制工业污染排放最根本的方式，特别是党的十八大以来，党中央高度重视科学发展和创新引领[5, 6]。党的十八大提出"以科学发展为主题，以加快转变经济发展方式为主线，是关系中国发展全局的战略抉择"；党的十九大进一步强调"以供给侧结构性改革为主线，推动经济发展质量变革、效率变革、动力变革"。2013—2017 年我国全社会研发投入年均增长 11%，连续五年研发投入强度超过 2%。2013 年后我国工业增速有一定程度的趋缓，一方面是因为服务业快速发展，进入服务业主导时代；另一方面也是由于我国开启了由经济高速增长阶段转向高质量发展的新征程。

2.2.2　我国工业企业场地周边土壤污染特征

1. 我国土壤环境污染重点监管行业

《工矿用地土壤环境管理办法（试行）》中规定土壤环境污染重点监管单位包括有色金属冶炼、石油加工、化工、焦化、电镀、制革等行业的企业，主要是全国土壤污染状况调查中点位超标率较高行业，同时也是我国工业"三废"排放总量排名靠前的行业[3]。

我国典型的工业污染场地包括有机物污染场地和重金属污染场地。有机物污染场地多出现在石油、化工、焦化等行业企业用地中，主要污染物包括总石油烃、多环芳烃、苯系物等，有时也会与重金属形成复合污染；重金属污染场地代表性的污染物包括砷、铅、镉、铬等，主要来自黑色金属冶炼及压延加工业、电镀、制革及化工行业固体废物的堆存场等[7]。

2. 我国工业企业周边土壤环境污染分布

1）矿冶场地重金属污染分布

郭朝晖[8]等通过对湖南地区典型矿冶污染土壤进行采样分析，发现土壤污染严重，矿区土壤主要污染元素为 Pb、Zn、As、Cr、Cu，而冶炼业周边污染土壤中主要是 Pb、Zn、As、Cr、Cu、Cd，矿区附近自然土壤无人扰动，污染主要分布在表层，因此表层耕作土壤污染严重。刘勇[9]等通过对铅锌厂周边农田土壤中 7 种重金属含量分布进行研究发现,以厂区为中心重金属水平分布沿主导风向分布,具有局部高度富集特征,地势低的土壤中重金属含量明显较高,重金属在垂直分布上主要富集在表层(0～20 cm)的土壤中,且随深度增加,土壤中重金属浓度变化幅度减弱,基本趋于稳定。

2)焦化场地污染物分布[10, 11]

根据文献及实例分析,由于焦化厂一般占地较大,工艺复杂,一般有机物污染与无机物污染共存。焦化厂有机物污染一般在焦油车间、粗苯车间、回收车间及储罐区污染较重,污染物主要为多环芳烃、总石油烃类、挥发酚、苯类等,主要分布在表层土壤;焦化厂无机物污染一般是由选煤废水、焦化沉降废气等造成,可能产生的污染物包括氰化物、砷、锌、重金属等,一般分布在熄焦塔和焦油车间附近区域。

3)电镀场地污染物分布

由于市场对电镀产品的需求量逐年增加,电镀工业发展呈现上升趋势。由于电镀企业门槛低、水平低,大部分电镀企业规模较小,场点分散,给政府及生态环境部门监管带来了极大的困难。一般小规模私人电镀企业因无法承受污染治理的成本,未配备或运行环保设备,且电镀生产过程一般涉及强酸、强碱、重金属溶液,甚至氰化物、铬酐等有毒有害化学物质,以致电镀企业及周边污染严重,一般以锌、铬、铜、镍、铅、镉、氰化物等污染较为严重。对于一般电镀厂区分布,污染最重区域往往是电镀车间;垂直方向上,由于地面硬化长期受强酸/强碱的腐蚀会产生破损,且酸碱可增加重金属的移动性及活性,一旦发生土壤污染往往污染深度较其他污染方式更深。

4)制革场地污染物分布[12, 13]

制革及毛皮加工工业在生产过程中使用大量的化工原料,包括各种助剂、鞣剂及加脂剂、涂饰剂等,成分复杂,污染量大。制革行业主要污染介质是生产废水和固体废物。生产废水主要产生于鞣前工段,鞣前工段总水量约占污水排放量的 60%,污染负荷占总排放量的 70% 以上,其次是整饰工段,污水排放占制革总水量的 30%;固体废物主要是制革过程各工段产生的污泥。制革场地可能存在的污染主要是酸碱污染、铬及其他重金属、总氮、硫化物、氯化物、酚类、多环芳烃等。孔祥科[12]等通过研究发现,由于制革污泥主要含有 Cr（III）和 Cr（VI），由于 Cr（III）在土壤中易被吸附和沉淀，一般在浅层土壤有高浓度检出，土壤埋深超过 40 cm 后浓度迅速降低至 200 mg/kg 以下，因此 Cr（VI）是制革场地的主要污染物。随土壤埋深增加，各种形态铬的含量显著下降，BCR有效态铬仅在埋深 20 cm 以上土壤中少量检出，在更深层土壤中检出浓度很低。

5）石化场地污染物分布[14]

石化具有工艺原料高危性、产品应用广等特点，其主要污染物包括挥发性有机物、酚、多环芳烃、石油烃、苯系物、萘、硫化物、氰化物、酸、Hg、Pb、Ni、Cd 等。园区内储罐、污染治理设施等泄漏或管道的跑、冒、滴、漏也会对厂区内的土壤造成污染，影响较为严重。根据石化企业特点，高污染风险区域主要分布在罐区、污染治理设施、生产区、原料装卸区等。当地表有污染源时，污染物一般分布在地表 2 m 内，如发生泄漏也会出现随深度增加污染加重的情况。

2.2.3　我国工业场地土壤常见污染物类型与特征

根据资料分析，我国工业场地土壤常见污染物主要包括石油烃、多环芳烃及苯系物、多氯联苯、砷、重金属。各种污染物的特性、污染来源及危害分析如下：

1. 石油烃

土壤中石油烃主要是 C_{10}—C_{40} 的饱和烷烃及环烷烃组成，其次含氮、硫的有机组分和芳香烃也是石油烃的组成部分，大量的挥发性有机物及半挥发性有机物包含其中[15]。

石油烃污染来源于以下几个方面：在石油的储存、运输过程中，发生石油泄漏使其进入土壤和地下水中，主要是地下储油罐、地下输油管线、排污管道等由于腐蚀等诸多因素发生渗漏，使得石油烃进入土壤和地下水；石油开发、储运及炼制过程中，产生的事故性泄漏导致石油烃进入大气、土壤及水环境，继而通过大气降水、土壤淋滤等方式污染土壤及地下水；在石油开发过程中，产生了大量含油污水，不合理排放会对周边地区的水体和土壤造成严重污染。

土壤受到石油烃污染后,土壤各方面性质会发生一定程度的改变,主要有石油污染物对土壤孔隙造成堵塞,降低孔隙度,从而致使土壤的渗水量和透水性下降[16]。石油污染物还将改变土壤中所含有机质的碳氮比和碳磷比,因而引起土壤微生物群落、区系的变化,以致破坏整个土壤的微生态环境。黏附在土壤中植物根系表面的石油污染物会使植物根系的呼吸及其对营养物质的吸收受到阻碍,导致当地农作物产量下降。土壤中的石油烃一旦经由食物链最终传递进入动物或人体内,将会危害人类的健康。

2. 多环芳烃

多环芳烃(polycyclic aromatic hydrocarbons,PAHs)指两个或两个以上苯环以两个邻位碳原子相连形成的化合物[17]。两个以上的苯环连在一起可以有两种方式:一种是非稠环形的,苯环与苯环之间各由一个碳原子相连,如联苯、联三苯等;另一种是稠环形的,两个或多个苯环以相邻两个碳原子相连,如萘、蒽等。多环芳烃一般指稠环型化合物,所以又称稠环芳烃或稠环烃,苯环排列的形式可呈直线排列、角状排列及稠环多苯排列。多环芳烃化合物是一类广泛存在于环境中的持久性有机污染物,具有强烈的致癌、致畸和致突变性[8]。

多种工业生产过程均会产生多环芳烃,多环芳烃的工业源主要包括炼焦厂、煤气厂、石油产品加工、化工原料、橡胶轮胎制造及其他相关工艺生产过程,废物焚烧以及化工原料的不完全燃烧产生的烟气等,多以菲、萘、蒽、苯并[a]芘等为特征污染物。其中,炼焦是排放多环芳烃最严重的工业。

3. 多氯联苯

多氯联苯污染来源于以下几个方面:电容器、变压器等电力设备中浸渍剂、变压油的泄漏,是造成多氯联苯污染的一个最主要途径,尤其在工业密集区,由于对废旧电力设备管理不善或继续使用,其中浸渍液和变压油的泄漏会造成周围土壤的污染,在雨水的淋溶下,还可能进一步污染地下水。

4. 砷

工业生产中冶炼、化工、采矿等行业排放的废水、废渣、废气是造成土壤砷污染的重要来源[19]。如在以硫铁矿为原料进行硫酸生产的企业，砷是亲硫元素，在矿物高温冶炼过程中会释放到环境中造成污染。

5. 铅

铅污染多来源于电池生产、冶金机械、表面处理、化工、有色金属采选等行业。因铅具有熔点低、耐蚀性高、X 射线和γ 射线等不易穿透、塑性好等优点，常被加工成板材和管材，广泛用于化工、电缆、蓄电池和放射性防护等工业部门。铅是制造铅酸蓄电池、电缆、子弹等的原材料，也是部分燃油的添加剂。铅化合物常被用作颜料、玻璃、塑料和橡胶的原料。由于金属铅具有优良的耐酸、碱腐蚀性能，也广泛用于制造化工和冶金设备。铅合金用作轴承、活字金和焊料等。此外，铅也开拓了一些新的用途。如用作沥青的稳定剂，以延长路面使用寿命；用于制造核电站屏蔽和核废料贮罐，电业部门调整负荷的大功率蓄电池组，以及磁流体动力学装置等。工业生产过程中的磨损，加工过程的碎屑，都可能造成铅污染。有色金属采矿及冶金行业也是铅污染的重要来源。铅及其化合物都具有一定的毒性，进入机体后可对神经、造血、消化、肾脏、心血管和内分泌等多个系统产生危害。

6. 镉

镉主要用于制造电池、颜料、合金，也可以用于电镀，制成覆盖层，作为塑料制品中的稳定剂。镉的氯化物被用于电镀、影印、棉布印花、染色工艺，并用于电子管的生产，可作为润滑剂，还可在含镉稳定剂和颜料的生产中作为化学媒介。镉的硫化物被用于电镀，也被用来生产荧光屏、电子管，在颜料、稳定剂及其他镉化合物的生产中作为化学媒介，还可以被作为除菌剂和杀虫剂，并可作为韦斯顿电池中的电解液。镉的硝酸盐化合物可用作照相的感光乳剂，可以用来给玻璃和陶瓷上色，也被用于核反应堆的建造，还可以用来制造镉的氢氧化物，从而用来生产碱性电池。镉的氧化物主要被用来制造镍镉电池，也被用于电镀，还可以作为除虫剂。含镉工业废气扩散，通过大气干湿沉降污染地表土壤；含镉废水不合理排放或泄漏，也会污染土壤；土壤中的含镉污染物渗漏到地下水后，会进一步扩大污染范围。

7. 铬

电镀过程中需要使用含铬化学物质，镀铬行业主要包括六价铬和三价铬，会产生含铬废水和含铬废液；制革行业中也需使用铬盐鞣制，会产生含铬污泥。这些工业企业产生的废水、固体废物存在含铬污染物，通过泄漏进入土壤及地下水环境造成污染。

8. 镍

镍具有良好的性能，可制不锈钢、抗腐蚀合金、陶瓷制品、电池等，在石油、汽车、电镀、食品加工、模具、印刷、纺织、医疗等工业领域中都得到了很广泛的应用。这些工业企业产生的废水、固体废物存在含镍污染物，通过泄漏进入土壤及地下水环境造成污染。

9. 铜

铜污染来源主要是冶金工业和电镀工业。铜冶炼过程一般由备料、熔炼、吹炼、火法精炼、电解精炼等工序组成，最终产品为电解铜。配套工序包括阳极泥处理、余热发电、烟气收尘、烟气制酸、循环水系统等。镀铜线有氰化物镀铜、酸性镀铜、HEDP 镀铜、柠檬酸-酒石酸盐镀铜、化学镀铜等，产生含铜废水、含铜废液。污染途径主要为设备及原料输送系统物料泄漏、物料储存区和固体废物临时堆场物料泄漏、污水输送管道废水泄漏、废水处理站池体废水泄漏等。

2.3　我国工业企业地块污染土壤修复现状

据不完全统计，2001—2014 年，全国有十多万家企业关停或搬迁，遗留下大量具有污染风险的搬迁企业场地，相当一部分属于污染场地[21]。我国污染场地还处于底数不清、状况不明阶段，暂时处于开发一块管一块的被动应对状态，工作基础相对薄弱。随着公众对土壤环境的重视，国家出台了相应的《中华人民共和国土壤污染防治法》等法律法规，建立了相应管理制度。

根据文献统计[22]，截至 2017 年 10 月，我国已完成工业污染场地修复项目达 200 余例，修复项目主要集中在土地价值较高的一线及省会城市，修复工期普遍较短，58.3%的项目工期小于半年，修复技术相对粗糙，以异位修复为主，固化/稳定化、化学处理、水泥窑焚烧和热脱附技术应用相对较多。其中，使用最多的为水泥窑焚烧技术、固化/稳定化与异位阻隔填埋联用技术。其中，水泥窑技术可以彻底消除大部分土壤中有机污染物，实现污染土壤的资源化，但是接收处理能力受土壤污染情况和水泥生产波动限制，且对技术控制要求较高，可以作为水泥厂的原材料成分添加；固化/稳定化与阻隔填埋联用技术成熟、应用广泛、处理时间短、费用低，但是固化/稳定化技术不降低污染物总量，不适用于以总量为验收标准的修复情形，一般需配合阻隔技术使用，并进行长期监控，修复效果存在一定不确定性，未来存在被扰动的风险。近年来，原位热解吸、常温解吸、土壤气相抽提等技术的应用案例正逐渐增多，根据国外土壤修复发展历程及我国场地修复现状，我国工业企业场地土壤修复技术正逐渐向环境友好型、经济适用型发展。未来的工业场地修复技术将以风险管控为主，辅以修复技术，根据场地污染程度及土地利用规划，以发现污染、闲置—控制污染、再利用—治理污染的步骤，逐步消除城市中心遗留工业污染场地。

参考文献

[1]　王艳伟，李书鹏，康绍果，等. 中国工业污染场地修复发展状况分析[J]. 环境工程，2017，35（10）：175-178.

[2]　环境保护部，国土资源部. 全国土壤状况调查公报[R]. 北京：2014.

[3]　穆红莉，李新娥. 我国工业污染排放的行业特征分析[J]. 中国管理信息化，2017，20（17）：141-143.

[4]　徐建伟，王岳平. 改革开放以来我国工业发展的阶段性特征与未来展望[J]. 经济纵横，2017（3）：83-89.

[5]　卢福财，徐斌. 中国工业发展演讲与前瞻：1978—2018 年[J]. 经济纵横，2018（11）.

[6]　杨威，余贵玲. 工业发展环境污染强度的现状及趋势[J]. 生态环境，2014（10）：55-57.

[7]　灵灵，乌力吉巴乙拉，诺敏. 鄂尔多斯能源开发区野外科研基地样点土壤重金属污染现状及其防治[J]. 西部资源，2014（6）：155-157.

[8]　郭朝晖，朱永官. 典型矿冶周边地区土壤重金属污染及有效性含量[J]. 生态环境，2014，13（4）：553-555.

[9]　刘勇，王成军. 铅锌冶炼厂周边重金属的空间分布及生态风险评价[J]. 环境工程学报，2015，9（1）：477-484.

[10]　楼春，钟茜. 焦化厂场地土壤污染分布特征分析[J]. 中国资源综合利用，2019，37（4）：177-179.

[11]　蒋慕贤，葛宇翔. 焦化场地典型污染物分布特征研究进展[J]. 环境与发展，2016（6）：50-54.

[12]　孔祥科，黄国鑫. 制革污泥堆存场地典型土壤剖面中污染物的垂向分布特征[J]. 南水北调与水利科技，2017，15（6）：96-100.

[13]　肖明波. 广州市制革及毛皮加工工业特征污染物调查[J]. 广州环境科学，2015，30（1）：44-47.

[14]　陈金花，杨冬雪. 福建某石化企业土壤污染状态调查研究[J]. 海峡科学，2019（2）：30-34.

[15]　邵子婴. 强热化土壤气相抽提过程中的污染物去除研究[D]. 大连：大连海事大学，2015.

[16]　刘虹，吴宇航，李志萍. 激活土著微生物法修复石油烃污染土壤[J]. 吉林化工学院学报，2012，29（7）：60-63.

[17] 朱利中，松下秀鹤. 空气中多环芳烃的研究现状[J]. 环境科学进展，1997（5）：19-30.

[18] 王家炜，李文轩，闫晨曦，等. 案例企业土壤多环芳烃污染环境健康风险评估[J]. 环境与可持续发展，2019（1）：142-146.

[19] 赵述华. 土壤砷污染及其修复技术研究进展[A]. 中国环境科学学会. 2013 中国环境科学学会学术年会论文集（第五卷）[C]. 2013：7.

[20] 陈远其，陈章，李志贤，等. 锰污染土壤修复研究现状与展望[J]. 生态环境学报，2017，26（8）：1451-1456.

[21] 臧文超，张俊丽，等. 我国工业场地污染防治路线图探讨[J]. 环境保护，2015（6）：39-41.

[22] 王艳伟，李书鹏，等. 中国工业污染场地修复发展状况分析[J]. 环境工程，2017，35（10）：175-178.

第**3**章
土壤修复管理与技术相关要求

3.1 工业企业土壤污染修复管理文件

经整理，工业企业土壤污染修复依据文件主要包括国家发布的法律法规文件，生态环境主管部门（原环境保护主管部门）及其他部门制定的政策性管理文件、技术规范性文件。现阶段土壤修复管理及相关技术要求如下。

3.1.1 法律法规

（1）《中华人民共和国环境保护法》（2014年4月24日修订，2015年1月1日起施行）。

（2）《中华人民共和国土壤污染防治法》（2019年1月1日起施行）。

（3）《中华人民共和国水污染防治法》（2017年6月27日修订，2018年1月1日起施行）。

（4）《中华人民共和国大气污染防治法》（2018年10月26日修订并实施）。

（5）《中华人民共和国固体废物污染环境防治法》（2016年11月7日修订并实施）。

（6）《中华人民共和国噪声污染防治法》（2018年12月29日修订并施行）。

（7）《中华人民共和国土地管理法》（2004年8月28日修订并实施）。

（8）《中华人民共和国环境影响评价法》（2018 年 12 月 29 日修订并施行）。

3.1.2　政策性管理文件

（1）《关于切实做好企业搬迁过程中环境污染防治工作的通知》（环办〔2004〕47 号）。

（2）《关于土壤污染防治工作的意见》（环发〔2008〕48 号）。

（3）《国务院转发环境保护部等部门关于加强重金属污染防治工作指导意见的通知》（国办发〔2009〕61 号文）。

（4）《关于保障工业企业场地再开发利用环境安全的通知》（环发〔2012〕140 号）。

（5）《国务院办公厅关于印发近期土壤环境保护和综合治理工作安排的通知》（国办发〔2013〕7 号）。

（6）《国务院办公厅关于推进城区老工业区搬迁改造的指导意见》（国办发〔2014〕9 号）。

（7）《关于加强工业企业关停、搬迁及原址场地再开发利用过程中污染防治工作的通知》（环发〔2014〕66 号）。

（8）《土壤污染防治行动计划》（国发〔2016〕31 号）。

（9）《污染地块土壤环境管理办法（试行）》（环境保护部令　第 42 号，2017 年 7 月 1 日施行）。

（10）《建设项目环境保护管理条例》（国务院令　第 682 号，2017 年 7 月 16 日修订，2017 年 10 月 1 日实施）。

（11）《工矿用地土壤环境管理办法（试行）》（2018 年 8 月 1 日起施行）。

3.1.3　技术规范性文件

（1）《工业企业场地环境调查评估与修复工作指南（试行）》（环境保护部，2014 年

11 月）。

（2）《建设用地土壤污染状况调查技术导则》（HJ 25.1—2019）。

（3）《建设用地土壤污染风险管控和修复监测导则》（HJ 25.2—2019）。

（4）《建设用地土壤污染风险评估技术导则》（HJ 25.3—2019）。

（5）《建设用地土壤修复技术导则》（HJ 25.4—2019）。

（6）《污染地块风险管控与土壤修复效果评估技术导则（试行）》（HJ 25.5—2018）。

（7）《污染地块地下水修复和风险管控技术导则》（HJ 25.6—2019）。

（8）《关于发布 2014 年污染场地修复技术目录（第一批）的公告》（环境保护部公告，公告 2014 年　第 75 号，2014 年 11 月）。

（9）《污染场地修复技术方案编制导则》（DB 11/1280—2015）。

（10）《水泥窑协同处置固体废物环境保护技术规范》（HJ 662—2013）。

（11）《重金属污染土壤填埋场建设与运行技术规范》（DB 11/T 810—2011）。

（12）《土壤环境质量建设用地污染风险管控标准（试行）》（GB 36600—2018）。

（13）《广州市环境保护局关于印发广州市工业企业场地环境调查、修复、效果评估文件技术要点的通知》（穗环办〔2018〕173 号）。

3.2　我国现阶段土壤修复相关要求

3.2.1　政策性要求

1. 污染地块的管理程序[1]

1）场地土壤污染状况调查

建设用地需开展土壤污染状况调查的情形：

（1）对土壤污染状况初查、详查和监测、现场检查表明有土壤污染风险的建设用地地块，地方人民政府生态环境主管部门应当要求土地使用权人按照规定进行土壤污染状况调查。

（2）用途变更为住宅、公共管理与公共服务用地的，变更前应当按照规定进行土壤污染状况调查。

（3）土壤污染重点监管单位生产经营用地的用途变更或者在其土地使用权收回、转让前，应当由土地使用权人按照规定进行土壤污染状况调查。

土壤环境污染重点监管单位[2]包括有色金属冶炼、石油加工、化工、焦化、电镀、制革等行业中应当纳入排污许可重点管理的企业；有色金属矿采选、石油开采行业规模以上企业；其他根据有关规定纳入土壤环境污染重点监管单位名录的企事业单位。重点单位以外的企事业单位和其他生产经营者生产经营活动涉及有毒有害物质的，其用地土壤和地下水环境保护相关活动及相关环境保护监督管理，可以参照执行。

（4）重点监管单位通过新、改、扩建项目的土壤和地下水环境现状调查，发现项目用地污染物含量超过国家或者地方有关建设用地土壤污染风险管控标准的，土地使用权人或者污染责任人应当参照污染地块土壤环境管理有关规定开展详细调查、风险评估、风险管控、治理与修复等活动[2]。

（5）重点监管单位在隐患排查、监测等活动中发现工矿用地土壤和地下水存在污染迹象的，应当排查污染源，查明污染原因，采取措施防止新增污染，并参照污染地块土壤环境管理有关规定及时开展土壤和地下水环境调查与风险评估工作，根据调查与风险评估结果采取风险管控或者治理与修复等措施[2]。

（6）重点监管单位突发环境事件造成或者可能造成土壤和地下水污染的，应当采取应急措施避免或者减少土壤和地下水污染；应急处置结束后，应当立即组织开展环境影响和损害评估工作，评估认为需要开展治理与修复的，应当制定并落实污染土壤和地下水治理与修复方案[2]。

（7）重点监管单位终止生产经营活动前，应当参照污染地块土壤环境管理有关规定，开展土壤和地下水环境初步调查，编制污染状况调查报告，及时上传至全国污染地块土壤环境管理系统。土壤和地下水环境初步调查发现该重点单位用地污染物含量超过国家或地方有关建设用地土壤污染风险管控标准的，应当参照污染地块土壤环境管理有关规定开展详细调查、风险评估、风险管控、治理与修复等活动[2]。

（8）关停并转、破产或搬迁工业企业原场地采取出让方式重新供地的，应当在土地出让前完成场地环境调查和风险评估工作；关停并转、破产或搬迁工业企业原有场地被收回用地后，采取划拨方式重新供地的，应当在项目批准或核准前完成场地环境调查和风险评估工作。经场地环境调查和风险评估属于被污染场地的，应当明确治理修复责任主体并编制治理修复方案。未进行场地环境调查及风险评估的，未明确治理修复责任主体的，禁止进行土地流转[3]。

土壤污染状况调查报告的内容：土壤污染状况调查报告应当包括地块基本信息、污染物含量是否超过土壤污染风险管控标准等内容；污染物含量超过土壤污染风险管控标准的，土壤污染状况调查报告还应当包括污染类型、污染来源及地下水是否受到污染等内容。

建设用地土壤污染状况调查报告的评审：土壤污染状况调查报告应当报地方人民政府生态环境主管部门，由地方人民政府生态环境主管部门会同自然资源主管部门组织评审。

2）场地土壤污染风险评估与风险管控和修复名录管制

（1）场地土壤污染风险评估。

对土壤污染状况调查报告评审表明污染物含量超过土壤污染风险管控标准的建设用地地块，土壤污染责任人、土地使用权人应当按照国务院生态环境主管部门的规定进行土壤污染风险评估，并将土壤污染风险评估报告报省级人民政府生态环境主管部门。省级人民政府生态环境主管部门应当会同自然资源等主管部门按照国务院生态环境主管部门的规定，对土壤污染风险评估报告组织评审。

土壤污染风险评估报告应当包括：主要污染物状况，土壤及地下水污染范围，农产品质量安全风险、公众健康风险或者生态风险，风险管控、修复的目标和基本要求等。

（2）建设用地风险管控和修复名录管制。

建设用地土壤污染风险管控和修复名录由省级人民政府生态环境主管部门会同自

然资源等主管部门制定，按照规定向社会公开，并根据风险管控、修复情况适时更新。省级人民政府生态环境主管部门应根据土壤污染风险评估报告结论及时将需要实施风险管控、修复的地块纳入建设用地土壤污染风险管控和修复名录，并定期向国务院生态环境主管部门报告。列入建设用地土壤污染风险管控和修复名录的地块，不得作为住宅、公共管理与公共服务用地。

3）风险管控和修复工作实施

（1）风险管控的实施。

对建设用地土壤污染风险管控和修复名录中的地块，土壤污染责任人应当按照国家有关规定以及土壤污染风险评估报告的要求，采取相应的风险管控措施，并定期向地方人民政府生态环境主管部门报告。风险管控措施应当包括地下水污染防治的内容。对建设用地土壤污染风险管控和修复名录中的地块，地方人民政府生态环境主管部门可以根据实际情况采取下列风险管控措施：①提出划定隔离区域的建议，报本级人民政府批准后实施；②进行土壤及地下水污染状况监测；③其他风险管控措施。

（2）修复工作的实施。

对建设用地土壤污染风险管控和修复名录中需要实施修复的地块，土壤污染责任人应当结合土地利用总体规划和城乡规划编制修复方案，报地方人民政府生态环境主管部门备案并实施。修复方案应当包括地下水污染防治的内容。

（3）二次污染防控。

治理与修复工程原则上在原址进行，并采取必要措施防止污染土壤挖掘、堆存等造成二次污染[4]。

实施风险管控、修复活动，不得对土壤和周边环境造成新的污染。实施风险管控、修复活动前，地方人民政府有关部门有权根据实际情况，要求土壤污染责任人、土地使用权人采取移除污染源、防止污染扩散等措施。实施风险管控、修复活动中产生的废水、废气和固体废物，应当按照规定进行处理、处置，并达到相关环境保护标准。实施风险管控、修复活动中产生的固体废物以及拆除的设施、设备或者建筑物、构筑物属于危险废物的，应当依照法律法规和相关标准的要求进行处置。

对于开展治理修复的场地，场地责任主体应委托专业机构对治理修复工程实施环境监理[5]。

修复施工期间，应当设立公告牌，公开相关情况和环境保护措施。修复施工单位转运污染土壤的，应当制订转运计划，将运输时间、方式、线路和污染土壤数量、去向、最终处置措施等，提前报所在地和接收地生态环境主管部门。转运的污染土壤属于危险废物的，修复施工单位应当依照法律法规和相关标准的要求进行处置。

风险管控、修复活动完成后，需要实施后期管理的，土壤污染责任人应当按照要求实施后期管理。

4）管控和修复效果评估与管控和修复名录移出

风险管控、修复活动完成后，土壤污染责任人应当另行委托有关单位对风险管控效果、修复效果进行评估，并将效果评估报告报地方人民政府生态环境主管部门备案。效果评估报告应当包括是否达到土壤污染风险评估报告确定的风险管控、修复目标等内容。对达到土壤污染风险评估报告确定的风险管控、修复目标的建设用地地块，土壤污染责任人、土地使用权人可以申请省级人民政府生态环境主管部门移出建设用地土壤污染风险管控和修复名录。

省级人民政府生态环境主管部门应当会同自然资源等主管部门对风险管控效果评估报告、修复效果评估报告组织评审，及时将达到土壤污染风险评估报告确定的风险管控、修复目标且可以安全利用的地块移出建设用地土壤污染风险管控和修复名录，按照规定向社会公开，并定期向国务院生态环境主管部门报告。未达到土壤污染风险评估报告确定的风险管控、修复目标的建设用地地块，禁止开工建设任何与风险管控、修复无关的项目。

2. 土壤修复工作的责任主体与资金来源[1]

1）土壤修复责任主体

土壤污染责任人负有实施土壤污染风险管控和修复的义务。土壤污染责任人无法认定的，土地使用权人应当实施土壤污染风险管控和修复。

土壤污染责任人不明确或者存在争议的，建设用地由地方人民政府生态环境主管部门会同自然资源主管部门认定，认定办法由国务院生态环境主管部门会同有关部门制定。

地方人民政府及其有关部门可以根据实际情况组织实施土壤污染风险管控和修复。

2）土壤修复资金来源

因实施或者组织实施土壤污染状况调查和土壤污染风险评估、风险管控、修复、风险管控效果评估、修复效果评估、后期管理等活动所支出的费用，由土壤污染责任人承担。土壤污染责任人变更的，由变更后承继其债权、债务的单位或者个人履行相关土壤污染风险管控和修复义务并承担相关费用。

3.2.2　技术管理要求[6]

1. 修复模式的选择

1）确认场地条件

审阅前期完成的场地环境调查报告和风险评估报告等相关资料，核实场地相关资料的完整性和有效性，重点核实前期场地信息和资料能否反映场地目前实际情况。

考察场地目前现状情况，特别关注与前期场地环境调查和风险评估时发生的重大变化，以及周边环境保护敏感目标的变化情况。现场考察场地修复工程施工条件，特别关注场地用电、用水、施工道路、安全保卫等情况，为修复方案的工程施工布局提供基础信息。

通过核查场地已有资料和现场考察场地状况，如发现已有资料不能满足修复方案编制基础信息要求，应适当补充相关资料。必要时应适当开展补充监测，甚至进行补充性场地环境调查和风险评估。

2）确认修复目标

通过对前期获得的场地环境调查和风险评估资料进行分析，结合必要的补充调查，确认污染场地土壤修复的目标污染物、修复目标值和修复范围。

确认前期场地环境调查和风险评估提出的土壤修复目标污染物，分析其与场地特征污染物的关联性和与相关标准的符合程度。确认前期场地环境调查与风险评估提出的土壤修复范围是否清楚，包括四周边界和污染土层深度分布，特别要关注污染土层异常分布情况。依据土壤目标污染物的修复目标值，分析和评估实际需要修复的土壤量。

工业企业污染场地环境修复方案中的目标污染物和修复目标值应与经备案的场地调查和风险评估文件一致，修复范围、修复量原则上应与经备案的场地调查和风险评估文件一致。如场地利用方式发生变化或修复过程中出现重大变更，可根据实际使用情况重新进行风险评估，调整修复目标值，一般需向原备案环境保护行政主管部门报告[7]。

3）确认修复要求

与场地利益相关方进行沟通，确认对土壤修复的要求，如修复时间、预期经费投入等。

4）选择修复模式

场地土壤修复模式主要类型有原位修复、原地异位处置、异位（地）修复、污染阻隔、居民防护和制度性控制等，需结合污染场地特征条件、修复目标和修复要求，综合确定污染场地修复总体思路和框架。USEPA 提出并推广绿色可持续修复的概念，与我国节能减排和可持续发展理念相符，鼓励采用绿色的、可持续和资源化修复。修复模式应结合场地环境特征、场地污染特征、土壤和地下水存在的污染风险等因素进行综合判定。

2. 修复技术的筛选与评估

1）分析比较实用修复技术

结合污染场地污染特征、土壤特性和选择的修复模式，从技术成熟度，适合的目标污染物和土壤类型，修复的效果、时间和成本等方面分析比较现有的土壤修复技术优缺点，重点分析各修复技术工程应用的实用性。可以采用列表方式对修复技术原理、适用条件、主要技术指标、经济指标和技术应用的优缺点等进行对比分析，也可采用权重打分的方法。通过比较分析，提出一种或多种备选修复技术进行下一步可行性评估。

2）修复技术可行性评估

可以采用实验室小试进行土壤修复技术可行性评估。实验室小试应采集污染场地的污染土壤进行试验，针对试验修复技术的关键环节和关键参数，制订实验室试验方案。如对土壤修复技术适用性不确定，或修复技术与场地现场特征相关性较大（如原位处理技术），可在污染场地开展现场中试，验证试验修复技术的实际效果，同时考虑工程管理和二次污染防治等。中试试验应尽量兼顾到场地中不同区域、不同污染程度和不同土壤类型，获得土壤修复工程设计所需要的参数。土壤修复技术可行性评估也可以采用相同或类似污染场地修复技术的应用案例分析进行，必要时可现场考察和评估应用案例实际工程。

当效率、时间、成本等数据量充足，例如，大量研究和案例证明该技术对某种污染物处理有效，如异位热脱附处理多环芳烃污染土壤、异位化学氧化法处理苯系物污染土壤等，或要研究的特定目标场地与已有案例的场地特征条件、水文地质条件、目标污染物完全相符且能够证明或确定技术可行时，可跳过可行性试验过程直接进入修复技术综合评估阶段；当数据量不够证明各潜在可行技术能够用于特定的目标场地或缺少前期基础、文献或应用案例时，则首先需要开展可行性试验。修复技术可行性试验分为筛选性试验和选择性试验[7]。

（1）筛选性试验。

筛选性试验的目的是通过实验室小试规模的试验，判断技术是否适用于特定目标场地，即评估技术是否有效，能否达到修复目标。

筛选性试验中的试验规模与类型、数据需求、试验结果的重现性、试验周期等具体技术要求如下：

①试验规模与类型：筛选性试验通常采集实际场地的污染介质，利用实验室常规的仪器设备开展实验室规模的批次试验。

②数据需求：可用定性数据来评估技术对于污染物的处理能力。筛选性测试的数据若能达到修复目标的要求，则认为该技术是潜在可行的，进一步开展选择性试验过程。

③试验结果的重现性：试验至少需要重复 1 次或 2 次。试验过程需有质量保证和质量控制措施。

④试验周期：所需的试验周期主要取决于该技术的类型和需考察的参数数量。

通过筛选性试验能够获得的设计方面参数很少，因此不能作为修复技术选择的唯一依据。如果所有进行筛选性试验的技术均难以达到试验目标（均不符合目标），应考虑回到制定修复策略阶段对其进行适当调整。对于经过大量应用案例证明可以处理某种污染物的技术，可跳过筛选性试验。

（2）选择性试验。

选择性试验的目的是对筛选性试验结果所得出的潜在可行技术开展进一步试验，确定工艺参数、成本、周期等。通过选择性试验的技术，可进入修复技术综合评估过程。

选择性试验中的试验规模与类型、数据需求、试验结果的重现性、试验周期等具体技术要求如下：

①试验规模与类型：选择性试验在实验室或现场完成，可以是小试或中试。小试应采集实际场地的污染介质，采用不同的工艺组合来试验效果，从而确定最佳工艺参数，并以此估算成本和周期等；中试应根据修复模式、修复技术类型的特点，在现场选择具有代表性的区域进行试验，来验证修复技术的实际效果，以确定合理的工艺参数、成本和周期。选择具有代表性的区域时应尽量兼顾不同区域、不同浓度、不同介质类型。中试所利用的设备通常是基于现场实际应用而按比例加工制造的。

②数据需求：需用定量数据，以确定技术能否满足操作单元的修复目标以及确定操作工艺参数、成本、周期。

③试验结果的重现性：至少需要重复 2 次或 3 次。试验过程需有严格的质量保证和质量控制。

④试验周期：选择性试验所需的试验周期估算主要取决于该技术的类型、污染物的监测种类及质量保证和质量控制所需达到的水平。

当选择性试验过程中难以选择出合适技术时（均不符合要求），应考虑回到制定修复模式阶段对其进行适当调整。筛选性试验和选择性试验在试验规模和类型、数据需求、试验结果的重现性、试验周期估算方面的比较见表 3.1。

表 3.1　修复技术筛选性试验与选择性试验比较

序号	过程	试验规模和类型	数据需求	试验结果重现性	试验周期
1	筛选性试验	小试，实验室批次试验	定性	至少 1 次或 2 次	数天
2	选择性试验	小试或中试，实验室或现场的批次或连续试验	定量	至少 2 次或 3 次	数天、数周至数月

3）确定修复技术

在分析比较土壤修复技术优缺点和开展技术可行性试验的基础上，从技术的成熟度、适用条件、对污染场地土壤修复的效果、成本、时间和环境安全性等方面对各备选修复技术进行综合比较，选择确定修复技术，以进行下一步制定修复方案阶段。对于采用原位方式进行修复，还应开展中试，必要时提供应用实例[7]。

3. 修复技术方案的制定

1）制定土壤修复技术路线

根据确定的场地修复模式和土壤修复技术，制定土壤修复技术路线，可以采用一种修复技术制定，也可以采用多种修复技术进行优化组合集成。修复技术路线应反映污染场地修复总体思路和修复方式、修复工艺流程和具体步骤，还应包括场地土壤修复过程中受污染水体、气体和固体废物等的无害化处理处置等内容。

2）确定土壤修复技术的工艺参数

土壤修复技术的工艺参数应通过实验室小试或现场中试获得。工艺参数包括但不限于修复材料投加量或比例、设备影响半径、设备处理能力、处理需要时间、处理条件、能耗、设备占地面积或作业区面积等。

3）估算污染场地土壤修复的工程量

根据技术路线，按照确定的单一修复技术或修复技术组合的方案，结合工艺流程和参数，估算每个修复方案的修复工程量。根据修复方案的不同，修复工程量可能是调查和评估阶段确定的土壤处理和处置所需工程量，也可能是方案涉及的工程量，还应考虑土壤修复过程中受污染水体、气体和固体废物等的无害化处理处置的工程量。

4）修复方案的比选

从确定的单一修复技术及多种修复技术组合方案的主要技术指标、工程费用和工期估算、二次污染防治等方面进行比选，最后确定最佳修复方案。

（1）主要技术指标。

结合场地土壤特征和修复目标，从法律法规、长期和短期效果、修复时间、成本和修复工程的环境影响方面，比较不同修复方案主要技术指标的合理性。

（2）修复工程费用和工期。

根据场地修复工程量，估算并比较不同修复方案所产生的修复费用，包括直接费用和间接费用。直接费用主要包括修复工程主体设备、材料、工程实施等费用，间接费用包括修复工程监测、工程监理、质量控制、健康安全防护和二次污染防治措施等费用。

因城市化发展和城市扩张，原有工业企业位置现在很多位于城市中心区或建成区；因此，工业企业搬迁后场地一般转为商住区，若存在污染需要修复对时间要求相对较紧。相同污染场地，在时间缩短的情况下进行修复可能会增加工程费用或者影响修复方法的选择，因此，修复方需与业主及环境管理部门积极沟通，结合工期和费用综合确定各方案的合理性。

（3）二次污染防治。

污染场地修复工程的实施，应首先分析工程实施的环境影响，并应根据土壤修复工艺过程和施工设备清洗等环节产生的废水、废气、固体废物、噪声和扬尘等环境影响，制定相关的收集、处理和处置技术方案，提出二次污染方案措施。综合比较不同修复方案二次污染防范措施的有效性和可实施性。

（4）方案比选及其指标体系组成[8]。

方案的比选需要建立比选指标体系，必须充分考虑技术、经济、环境、社会等层面的诸多因素。

①技术指标。

可操作性：修复技术的可靠性；管理人员经验的丰富程度；必要的设备和资源的可获得性；异位修复过程中污染介质的贮存、运输、安全处置方面的可操作性；以及与场地再利用方式或后续建设工程匹配性相关的可操作性指标，包括修复后场地的建设方案及其时间要求、土方平衡等。

污染物去除效率：目标污染物的有效去除数量。根据针对污染物不同，采用修复方法不同，污染物去除效率可能是总量的减少，可能是特定形态的减少，也可能是迁移性能的减弱。

修复时间：达到修复目标/指标所需要的时间。

②经济指标。

基本建设费用：包括直接费用和间接费用。其中直接费用包括原材料、设备、设施费用等；间接费用包括工程设计、许可、启动、意外事故费用等间接投资。

运行费用：人员工资、培训、防护等费用；水电费；采样、检测费用；剩余物处置费用；维修和应急等费用；以及保险、税务、执照等费用。

后期费用：日常管理、长期监测等后期费用。

③环境指标。

残余风险：剩余污染物或二次产物的类型、数量、特征、风险，以及风险处理处置的难度和不确定性。

长期效果：修复工程达到修复目标后的污染物毒性、迁移性或数量的减少程度；预期环境影响（占地、气味、外观等）是否达到了长期保护环境健康的目标；是否存在潜在的其他污染问题；需要修复后长期管理的类型和程度；长期操作和维护可能面临的困难；技术更新的潜在需要性。

健康影响：修复期间和修复工程达到修复目标后需要应对的健康风险（如异位修复期间的清挖工程中污染物可能对工作人员的健康造成危害）及减少风险的措施。

④社会指标。

管理可接受程度：区域适宜性；与现行法律法规、相关标准和规范的符合性；需要与政府部门配合的必要性（如异地修复）。

公众可接受程度：施工期对周围居民可能造成的影响（气味、噪声等）。

4. 水泥窑协同处置污染土壤的管理要求[9]

1）协同处置设施要求

（1）水泥窑。

①窑型应为新型干法水泥窑。

②单线设计熟料生产规模一般不小于 2 000 t/d。

③对于改造利用原有设施开展协同处置的水泥窑，在改造之前原有设施连续两年达到《水泥工业大气污染物排放标准》（GB 4915）的要求。

④采用窑磨一体机模式。

⑤配备在线监测设备，保证运行工况的稳定。

⑥水泥窑及窑尾余热利用系统采用高效布袋除尘器作为烟气除尘设施，保证排放烟气中颗粒物浓度满足《水泥窑协同处置固体废物污染控制标准》（GB 30485）的要求。水泥窑及窑尾余热利用系统排气筒配备粉尘、NO_x、SO_2 浓度在线监测设备，连续监测装置需满足《固定污染源排放烟气连续监测系统技术要求及检测方法》（HJ/T 76）的要求，保证污染物排放达标。

⑦配备窑灰返窑装置，将除尘器等烟气处理装置收集的窑灰返回送往生料入窑系统。

⑧水泥生产设施所在位置应符合城市总体发展规划、城市工业发展规划要求；所在区域无洪水、潮水或内涝威胁；设施所在标高应位于重现期不小于 100 年一遇的洪水位之上，并建设在现有和各类规划中的水库等人工蓄水设施的淹没区和保护区之外。

（2）污染土壤投加设施。

①能实现自动进料，并配置可调节投加效率的计量装置实现定量投料。

②输送装置和投加口应保持密闭，固体废物投加口应具有防回火功能。

③保持进料畅通以防止固体废物搭桥堵塞。

④配置可实时显示固体废物投加状况的在线监视系统。

⑤具有自动联机停机功能，当水泥窑或烟气处理设施因故障停止运转，或者当窑内温度、压力、窑转速、烟气中氧含量等运行参数偏离设定值时，或者烟气排放超过标准设定值时，可自动停止投加。

⑥不同位置的投加设施应满足：生料磨投加可借用常规生料投料设施；主燃烧器投加设施应采用多通道燃烧器，并配备泵力或气力输送装置；窑门罩投加设施应配备泵力输送装置，并在窑门罩的适当位置开设投料口；窑尾投加设施应配备泵力、气力或机械传输带输送装置，并在窑尾烟室、上升烟道或分解炉的适当位置开设投料口；可对分解炉燃烧器的气固相通道进行适当改造，使之适合小颗粒状土壤的输送和投加。

2）入窑协同处置污染土壤的特性要求

（1）污染土壤的投加不应对水泥生产过程或水泥产品质量产生不利影响。

（2）投加料中如含有重金属成分，其含量应满足以下要求（表 3.2），对于单位为 mg/kg-cem 的重金属，最大允许投加量还包括磨制水泥时由混合材料带入的重金属。

表 3.2　重金属最大允许投加量限值

序号	重金属	单位	重金属的最大允许投加量
1	汞	mg/kg-cli	0.23
2	铊+镉+铅+15×砷		230
3	铍+铬+10×锡+50×锑+铜+锰+镍+钒		1 150
4	总铬	mg/kg-cem	320
5	六价铬		10 [(1)]
6	锌		37 760
7	锰		3 350
8	镍		640
9	钼		310
10	砷		4 280
11	镉		40
12	铅		1 590
13	铜		7 920
14	汞		4 [(2)]

注：（1）计入窑物料中的总铬和混合材中的六价铬；
　　（2）仅计混合材中的汞。

（3）为保证水泥的正常生产和熟料质量符合国家标准，入窑物料中氟元素含量不应大于 0.5%，氯元素含量不应大于 0.04%。

（4）协同处置企业应控制物料中硫元素的投加量。通过配料系统投加的物料中硫化物硫与有机硫总量不应大于 0.014%；从窑头、窑尾高温区投加的全硫与配料系统投加的硫酸盐硫总投加量不应大于 3 000 mg/kg-cli。

参考文献

[1]　中华人民共和国土壤污染防治法（2019 年 1 月 1 日起施行）.

[2]　工矿用地土壤环境管理办法（试行）（2018 年 8 月 1 日起施行）.

[3]　关于保障工业企业场地再开发利用环境安全的通知（环发〔2012〕140 号）.

[4]　土壤污染防治行动计划（国发〔2016〕31 号）.

[5]　工业企业场地环境调查评估与修复工作指南（试行）（环境保护部，2014 年 11 月）.

[6]　污染场地土壤修复技术导则（HJ 25.4—2014）.

[7]　广州市环境保护局关于印发广州市工业企业场地环境调查、修复、效果评估文件技术要点的通知（穗环办〔2018〕173 号）.

[8]　工业企业场地环境调查评估与修复工作指南（试行）（环境保护部，2014 年 11 月）.

[9]　水泥窑协同处置固体废物环境保护技术规范（HJ 662—2013）.

第 **4** 章
工业企业地块土壤污染修复技术筛选

通过对我国主要工业行业及污染物特征的分析，可以看出，我国工业企业场地土壤污染物类型主要包括：

以挥发性有机物、半挥发性有机物和石油烃为主的石油、化工、焦化等污染场地，代表性污染物是烃类、有机溶剂类，如石油烃、苯系物、卤代烃等；也常会复合有其他污染物，如重金属等。

重金属污染场地，主要包括来自黑色金属冶炼及压延加工业、电镀、制革及化工行业固体废物的堆存场，代表性污染物包括铅、砷、汞、铬等重金属。

本书针对挥发性有机物、半挥发有机物、重金属污染物修复可采用的修复技术，从修复周期、修复费用、管理要求、适用性分析及技术优缺点等方面进行对比分析。

由于修复周期及费用受土方量、污染深度等因素影响较大，且污染场地间环境区别可能较大，为便于不同修复技术之间的对比，后述各种修复技术的修复周期及费用为基于污染土壤 1 万 m^3、污染深度为 5 m 的情景估算。表 4.1 列出了各种污染物适用技术的修复周期、修复费用、污染防治重点、适用性及不适用性分析、优点及局限性，以方便读者查阅。

表 4.1　主要土壤污染物适用修复技术对比

序号	污染物	修复技术	修复周期	修复费用	污染防治重点	适用性分析	不适用性	优点及局限性
1	挥发性有机物	异位化学氧化技术	工程修复时间为6~8个月	综合单价为700~1100元/m³	清挖、运输过程中做好控制，防止扬尘与挥发性有机物污染；相较于其他技术，化学氧化技术二次污染较低，但预处理、修复等环节应做好密封措施，防止异味逸散；应选用环境友好型的药剂	可处理的污染物类型：石油烃、苯系物（苯、甲苯、乙苯、二甲苯等）、酚类、甲基叔丁基醚、含氯有机物等污染物	一般不适用于重金属污染的土壤修复	优点：技术成熟，国内应用较广泛，处理工艺简单；修复费用较低，适用污染物范围较广。局限性：可能会产生有毒有害的中间产物；需关注药剂残留问题；药剂使用不当可能产生安全问题
2		常温解吸技术	工程修复时间为3~4个月	综合单价为500~600元/m³	常温解吸系统宜采用负压密闭大棚，废气经有效处理后达标排放；需加强废气排放口及修复区域周边大气环境监测	主要适用于处理易挥发性的有机污染物	不适用于重金属及挥发性较弱的有机污染物	优点：简单易行，修复周期较短。局限性：存在较大的二次污染风险；适用污染范围较窄，对于沸点较高、饱和蒸气压低的污染物解吸效率较低；当土质黏度较高，含水率大于25%时，施工难度大；当环境温度较低、湿度较大时，处理效率较低，修复时间长，修复作业环境差

序号	污染物	修复技术	修复周期	修复费用	污染防治重点	适用性分析	不适用性	优点及局限性
3		异位热脱附技术[2]	设备安装、调试时间为3个月左右，工程修复时间为4~6个月（直接热脱附）	综合单价为1 000~1 500 元/m³	清挖、运输、预处理过程中应做好控制、防止扬尘与挥发性污染物产生；土壤修复过程中应采取有效措施防止二噁英的产生；预处理环节做好密封措施，需对废气进行处理，直接燃烧式热脱附尾气采用二次燃烧+冷凝+除尘处理后达标排放	石油烃、挥发性有机物、半挥发性有机物、多氯联苯、吡啶、虫剂等	不适用于腐蚀性有机物、高浓度氧化剂和还原剂含量较高的土壤，不适用于含有汞、砷、铅等高温下挥发的汞、砷、铅等复合污染土壤	优点：对于处理挥发性有机物有特别的优势，热脱附温度可调节还能够通过选择性地移除不同的污染物；局限性：能耗大，高温直接燃烧式热脱附不利于土壤再利用
4	挥发性有机物	水泥窑协同处置技术	工程修复时间为6~8个月	综合单价受水泥厂协同处置费用影响较大，目前综合单价为900~1 200 元/m³	在预处理、运输、修复等环节对有异味的污染土壤，在开挖、转运、处置等过程中应做好异味控制措施，以符合相关环保要求；对污染土壤的清挖、出场、运输、暂存、接收、水泥厂暂存和协同处置等应进行全过程环境管理	主要适用于挥发及半挥发性有机污染物（如石油烃、农药、多环芳烃、多氯联苯等）、重金属等	对重金属容入窑浓度有限制，需满足《水泥窑协同处置技术规范》（HJ 662）相关要求。使用该技术时，还需考虑污染土壤中氯、氟和硫的含量，以确定添加比例；必要时需对水泥窑进料系统和尾气处理系统进行改造	优点：技术成熟，适用范围较广，原场地周转较快，对有机污染物处置彻底，可实现资源化。局限性：需协同水泥厂进行处置；耗能较大，对于含水率大、热值低的污染土壤需消耗更多能量

序号	污染物	修复技术	修复周期	修复费用	污染防治重点	适用性分析	不适用性	优点及局限性
5	挥发性有机物	土壤气相抽提法	工程修复时间为4~6个月	综合单价为800~1 000元/m³	需要对抽出的污染气体进行后续处理,避免污染气体泄漏,从而造成对周围环境的二次污染	应用于挥发性有机污染物和燃油(汽油)污染的土壤	难于处理低渗透性的土壤	优点:设备简单,易于安装操作;对现场环境破坏小。局限性:污染治理效果一般,污染物浓度降低90%以上较为困难;对低渗透性土壤和非均质介质的效果不确定;对抽出的污染气体需进行后续处理,只能对非饱和区域土壤进行处理
6	半挥发性有机物与石油烃	异位热脱附技术	设备安装调试时间为3个月左右,工程修复时间为4~6个月(直接热脱附)	综合单价为1 000~1 500元/m³	清挖、运输、预处理过程中应做好控制,防止扬尘与挥发性有机物污染;土壤修复过程中应采取有效的产英的措施防止二次污染产生;预处理环节做好密封措施,需对废气进行处理,直接燃烧式热脱附尾气宜采用二次燃烧+冷凝+除尘处理后达标排放	石油烃、挥发性有机物、半挥发性有机物、多氯联苯、呋喃、杀虫剂等	不适用于腐蚀性有机物、高活性氧化剂和还原剂含量较高的土壤,亦不适用于含有汞、砷、铅等高温复合污染土壤	优点:对于处理挥发性有机物特别有优势,高热脱附处理还能够通过调节温度有选择性地移除不同的污染物。局限性:能耗大、高温直接燃烧式热脱附不利于土壤再利用

序号	污染物	修复技术	修复周期	修复费用	污染防治重点	适用性分析	不适用性	优点及局限性
7	半挥发性有机物与石油烃	水泥窑协同处置技术	工程修复时间为6~8个月	综合单价受水泥厂协同处置费用影响较大，目前综合单价为900~1200元/m³	在预处理、运输、修复等环节做好污染防治措施；需要对水泥窑尾气进行定期监测；对有异味的污染土壤，在开挖、转运、暂存、处置等过程中应做好异味控制措施，以符合相关环保要求；对污染土壤的清挖、场内暂存、出场、运输、接收、水泥窑等应进行全过程协同处置环境管理	主要适用于挥发及半挥发有机污染物（如石油烃、农药、多环芳烃、多氯联苯等）、重金属等	对重金属入窑浓度有限制，需满足《水泥窑协同处置固体废物环境保护规范》(HJ 662) 相关要求；使用该技术时，还需考虑污染土壤中氯、氟和硫的含量，以确定添加比例；必要时需对水泥窑尾气处理系统进行改造	优点：技术成熟，适用范围较广，对有机物处置彻底，原场地周转较快，可实现资源化。局限性：需协调水泥厂进行处置，目前广州市环境内水泥厂协同处置污染土壤的处理能力不足，能耗较大，对于含水率高、热值低的土壤需要消耗更多能量
8		原位热解吸技术	工程修复时间为10~15个月	综合单价为1200~2000元/m³	需要确保地面阻隔系统的阻隔效果；对抽提与处理过程中产生的废水、废气做好二次污染防控，确保达标排放；需对修复完成后的场地进行长期监测	主要适用于石油烃、挥发性及半挥发性有机物、多氯联苯、呋喃、砷、铅等污染土壤	不适用于有机物、腐蚀性活性氧化剂和还原性含量高的土壤；一般不适用于含汞、铅等重金属的复合污染土壤	优点：对场地扰动小，二次污染风险相对较小，无须进行开挖。局限性：修复周期长，工艺复杂，成本较高，运行维护要求较高；修复效果不确定性相对较高，可能出现复合局部污染的问题；黏土含量大的区域修复不彻底，含水率较大的土壤在处理过程中结块而影响处理效果，增加处理费用

序号	污染物	修复技术	修复周期	修复费用	污染防治重点	适用性分析	不适用性	优点及局限性
9	半挥发性有机物与石油烃	原位化学氧化技术	工程修复时间为6~8个月	综合修复单价为900~1200元/m³	修复完成后需对场地及周边区域开展长期监测；需选用环境友好型药剂	主要适用于石油烃（苯、甲苯、乙苯、二甲苯等）、酚类、甲基叔丁基醚、含氯有机溶剂等污染物	一般不适用于重金属污染土壤	优点：无须进行开挖，国内多地有一定应用，有利于去除深层土壤污染。局限性：修复效果不确定性相对较大，可能出现污染"反弹"和局部污染区域修复不彻底的问题；需关注区域残留问题；对于以黏性土壤为主的污染场地，修复效果较差；药剂可能产生安全问题
10		原位生物通风技术	工程修复时间为6~24个月	处理成本为100~200元/m³	处理挥发性有机污染时，需做好二次污染防治措施	主要适用于挥发及半挥发性有机物	一般不适用于重金属和难降解有机物	优点：修复成本低，二次污染风险小，无须进行开挖。局限性：处理周期长；不适用于土壤渗透系数较小的场地
11	重金属	异位固化稳定化技术	工程修复时间为4~6个月	综合单价为850~1200元/m³	固化稳定化修复作业应在具有防渗、防雨和防风的空间内进行；阻隔回填区应采用不少于四层的封闭结构，由外至内分别为钢筋混凝土、土工布、HDPE膜、土工布；选用环境友好型的固化/稳定化药剂；如采用浸出方式验收，目标采用浸出浓度需达到《地下水质量标准》(GB/T 14848) III类标准	主要适用于重金属及砷污染物等污染物。有时也用于石棉、部分氰化物和有机污染物	一般不适用于单质汞、挥发性有机物、挥发性氯化物	优点：技术成熟、应用广泛，处理时间短。局限性：不降低污染物总量，不适用于以总量为验收标准的修复情形；一般需配合阻隔技术使用，并进行长期监控；需根据落实阻隔回填的用途协调实阻隔回填区域，目前未来存在被扰动地的风险；对于地下基础复杂的地块，工程施工成本较高

序号	污染物	修复技术	修复周期	修复费用	污染防治重点	适用性分析	不适用性	优点及局限性
12	重金属	阻隔技术	工程修复时间为2~3个月	综合单价为400~600元/m³	如进行开挖，应做好抑尘等环保措施；应在阻隔区域地下水的上下游设置地下水监测井，进行长期监测，监控目标污染物的浓度变化情况，了解阻隔区域对周围环境的影响，及时响应不利状况；需避免对阻隔措施造成扰动	主要适用于重金属、有机污染及复合污染物土壤	用于腐蚀性、挥发性较强的污染物时，环境风险相对较大	优点：技术成熟、应用广泛、成本较低、实施周期短。局限性：存在污染物泄漏风险；阻隔回填所占用区域将对场地开发利用产生影响；阻隔回填区应避开地质条件较差的区域
13		土壤洗脱技术	工程修复时间为3~4个月	综合单价为400~600元/m³	洗脱作业场地需进行修处理；洗脱废水需进行处理并达标排放	主要适用于重金属和部分半挥发性有机污染物	不适用于含有机污染染物或洗脱废渣的土壤	优点：污染土壤减量化效果明显，可有效降低土壤中污染物总量。局限性：需配合其他技术处理剩余的高污染土壤，占地面积大，系统结构复杂，需协调落实污水排放去向；对小体量污染土壤修复项目及细颗粒含量较高的土壤技术经济性较差

序号	污染物	修复技术	修复周期	修复费用	污染防治重点	适用性分析	不适用性	优点及局限性
14		原位固化/稳定化技术	工程修复时间为3~4个月	工程综合单价为500~800元/m³	修复区域周边应设置止水帷幕，渗透系数应小于10⁻⁷ cm/s，并在顶部采取相应防渗措施；应选用环境友好型的固化稳定化药剂；如采用浸出方式验收，目标污染物浸出浓度需达到《地下水质量标准》(GB/T 14848) III类标准	主要适用于重金属及砷化合物等污染物；有时也用于石棉、氰化物及部分有机污染物	一般不适用于汞、挥发性氰化物、挥发性有机污染物	优点：技术成熟，应用广泛，处理时间短，费用低。局限性：不降低污染物总量，不适用于以总量为验收标准的修复情形；一般需配合阻隔技术使用，并进行长期监控；修复效果存在一定不确定性；未来存在被扰动的风险
15	重金属	水泥窑协同处置技术	工程修复时间为6~8个月	综合单价受水泥厂协同处置费用影响较大，目前综合单价为900~1 200元/m³	在预处理、运输、修复等环节做好污染防治措施；需要对水泥窑尾气进行定期监测；对有异味的污染土壤，在开挖、转运、暂存、处置等过程中应做好异味控制措施，以符合相关环保要求；对污染土壤的清挖、场内暂存、预处理、出场、运输、接收、水泥厂暂存和协同处置等应进行全过程环境管理	主要适用于挥发及半挥发性有机污染物（如石油烃、农药、多环芳烃、多氯联苯等）、重金属等	对重金属入窑浓度有限制，需满足《水泥窑协同处置固体废物环境保护技术规范》(HJ 662)相关要求；使用该技术时，还需考虑污染土壤中氯和硫的含量、氟和重金属的含量，以确定添加比例；必要时需对水泥窑进料系统和尾气处理系统进行改造	优点：技术成熟，适用范围较广，对有机污染物处置较快，对原场地周物处置较快，可实现资源化。局限性：需协调水泥厂进行处置，耗能较大；对符合水率、热值低的土壤需消耗更多能量

4.1 挥发性有机物土壤污染修复适用技术分析

挥发性有机物污染土壤的可选用修复技术包括异位化学氧化技术、常温解吸技术、异位热脱附技术、水泥窑协同处置技术及土壤气相抽提技术等。

1. 修复周期

就以上五种技术来说，常温解吸修复周期为 3～4 个月；异位化学氧化技术及水泥窑协同处置技术工程修复时间为 6～8 个月；异位热脱附修复技术为 4～6 个月，但需耗时 3～4 个月进行设备调试；土壤气相抽提技术修复周期为 4～6 个月。综上所述，常温解吸技术相较其他修复技术时间较短，但具体工程修复时间还需结合相应修复工艺适当遴选。值得注意的是，当环境温度较低、湿度较大时，常温解吸处理效率较低，修复时间长，并不适用。

2. 修复费用

就修复费用来说，以上五种修复技术中常温解吸技术综合单价最低，费用为 500～600 元/m³，其次分别为异位化学氧化技术、土壤气相抽提法、水泥窑协同处置技术、异位热脱附技术，综合单价分别为 700～1 100 元/m³、800～1 000 元/m³、900～1 200 元/m³、1 000～1 500 元/m³。其中，异位热脱附技术能耗大且修复费用较高；水泥窑协同处置技术对于含水率高、热值低的土壤需要消耗更多能量，成本也会随之增加。因此，从经济适用性角度来说，常温解吸技术修复成本较低。

3. 污染防治重点

以上五种技术在污染防治方面皆需要在清挖、运输、预处理过程中做好过程管理，防止扬尘与挥发性有机物逸散污染；尤其是异位处理技术需要在预处理、修复等环节应做好密封措施，防止异味逸散；另外，应尽可能选用环境友好型药剂开展修复活动，药剂使用不当可能会产生安全问题。

　　对于污染土壤暂存区及化学氧化与常温解吸的修复作业区需采用负压密闭大棚，废气由抽吸系统抽到密闭大棚外部，经尾气处理系统有效处理后达标排放；另外，需加强废气排放口及修复区域周边大气环境监测。异位热脱附技术在使用过程中应注意采取有效措施防止二噁英的产生；预处理环节做好密封措施，需对废气进行处理；若采用直接热脱附，尾气宜采用二次燃烧+冷凝（+活性炭喷射）+除尘处理后达标排放。水泥窑协同处置技术需要对水泥窑尾气进行定期监测。

4. 适用性

　　以上五种技术皆适用于挥发性有机物污染的土壤修复。但是，常温解吸技术在处理土质黏度较高、含水率大于 25% 的污染土壤时，施工难度较大，处理效率较低，修复时间长。土壤气相抽提法虽设备简单，易于安装操作，对现场环境破坏小，但是对低渗透性土壤和非均质介质的效果不确定；水泥窑协同处置技术在处理含水率高、热值低的土壤时也需要消耗更多能量。选用该技术需考虑所在区域内水泥厂协同处置的处理能力。而异位热脱附技术虽综合单价较高，能耗大，且高温直接燃烧式热脱附不利于土壤再利用，但是对于处理挥发性有机物有特别的优势，热脱附处理还能够通过调节温度有选择性地移除不同的污染物。

4.2　半挥发性有机物与石油烃土壤污染修复适用技术分析

　　半挥发性有机物与石油烃污染土壤可选用的修复技术包括异位热脱附技术、水泥窑协同处置技术、化学氧化技术、原位热解吸技术及原位生物通风技术等。

1. 修复周期

　　就以上五种修复技术来说，原位生物通风技术修复周期为 6~24 个月，处理周期长，尤其不适用土壤渗透系数较小的场地；原位热解吸技术工程修复时间为 10~15 个月，工艺复杂、修复周期较长；异位热脱附、原位化学氧化和水泥窑协同处置技术修复时间一般为 4～6 个月，相对较短。

2. 修复费用

就修复费用来说，原位生物通风技术修复综合单价最低，为 100～200 元/m³。原位热解吸技术及异位热脱附技术修复费用较高，分别为 1 200～2 000 元/m³ 和 1 000～1 500 元/m³。水泥窑协同处置技术和原位化学氧化综合单价处于中等，为 900～1 200 元/m³。为此，从经济角度来说，原位生物通风技术虽修复周期长，但修复成本低。原位热解吸技术在处理黏土含量高或含水率较大的土壤时会因在处理过程中土壤结块而影响处理效果，增加处理费用。

3. 污染防治重点

以上技术除需要在预处理、运输、修复等环节做好污染防治措施外，不同技术需根据技术特点做好不同的污染防治措施。

其中，原位生物通风技术及原位热解吸技术无须开挖，二次污染风险最小；原位热解吸技术主要需对抽提与处理过程中产生的废水、废气应做好二次污染防控，确保达标排放；异位热脱附技术脱附过程需采用负压脱附，防止脱附气体逸散污染环境；水泥窑协同处置技术需在运输、存储过程防止扬尘污染，处理过程防止对水泥成品质量产生影响；原位化学氧化应选择环境友好型药剂，修复完成后应对场地及周边区域开展长期监测。

4. 适用性

从处理效果来说，水泥窑协同处置技术耗能较大，对于含水率高、热值低的土壤需要消耗更多能量；原位热解吸技术在处理黏土含量高或含水率较大的土壤过程中会因结块而影响处理效果，增加处理费用；原位生物通风技术也并不适用土壤渗透系数较小的场地；异位热脱附技术对于处理挥发性有机物有特别的优势，热脱附处理还能够通过调节温度有选择性地移除不同的污染物。从社会经济角度来说，水泥窑协同处置技术较为成熟，适用范围较广，原场地周转较快，对有机污染物处置彻底，可实现资源化，社会经济性较强，但水泥窑需要进行改造，在高温段投加有机污染土壤，需协调水泥厂进行处置；原位化学氧化主要适用于石油烃、苯系物（苯、甲苯、乙苯、二甲苯等）、酚类、甲基叔丁基醚、含氯有机溶剂等污染物，场地土壤的均一性及地下水位会对此法产生较大影响。

4.3　重金属土壤污染修复适用技术分析

铅、镉、铬、铜等重金属污染土壤可选用的修复技术包括异位固化/稳定化技术、阻隔技术、土壤洗脱技术、原位固化/稳定化技术及水泥窑协同处置技术等[1]。

1. 修复周期

就以上五种修复技术来说，阻隔技术修复周期最短，工程修复时间一般为 2～3 个月；土壤洗脱技术、原位固化/稳定化技术及水泥窑协同处置技术工程修复时间为 3～4 个月；异位固化/稳定化技术工程修复时间为 4～6 个月。从修复时间来说，土壤阻隔修复技术实施周期最短。

2. 修复费用

就修复费用来说，阻隔技术及土壤洗脱技术修复费用较低，综合单价为 400～600 元/m^3，其次分别为原位固化/稳定化技术、异位固化/稳定化技术和水泥窑协同处置技术，综合单价依次为 500～800 元/m^3、850～1 200 元/m^3 和 900～1 200 元/m^3。

3. 污染防治重点

异位固化/稳定化修复作业应在具有防渗、防雨和防风的空间内进行；阻隔回填区应采用封闭结构，由外至内宜分别为土工布、HDPE 膜、土工布，必要时还可以在最外层增加钢筋混凝土结构以提高阻隔回填区的安全性；选用环境友好型的固化/稳定化药剂；如采用浸出方式验收，目标污染物浸出浓度需达到《地下水质量标准》（GB/T 14848）的Ⅲ类标准。阻隔技术应在阻隔区域地下水的上下游设置地下水监测井，进行长期监测，监控目标污染物的浓度变化情况，了解阻隔区域对周围环境的影响，及时响应不利状况；需避免对阻隔措施造成扰动。土壤洗脱技术的作业场地需进行防渗处理，另外洗脱废水需要进行处理并达标排放。原位固化/稳定化技术修复区域周边应设置止水帷幕，渗透系数应小于 10^{-7} cm/s，并在顶部采取相应防渗措施。水泥窑协同处置技术需进行全过程环境管理。

4. 适用性

以上五种修复技术皆适用于除汞等易蒸发重金属外的土壤污染的修复。但从经济可行性角度来说，固化/稳定化技术不适用于以总量为验收标准的修复情形，且对于场地地下基础复杂的地块，工程施工成本较高；水泥窑协同处置技术耗能较大，对于含水率高、热值低的土壤需要消耗更多能量。

参考文献

[1] 董晓庆. 城市化工污染场地修复技术研究[D]. 南京：南京大学，2015.

[2] 彭德伟. 我国土壤污染现状及修复技术分析[J]. 建筑工程技术与设计，2018（17）：5056.

第 **5** 章
工业企业地块土壤修复推荐技术与典型案例

5.1 异位固化/稳定化技术

固化/稳定化是运用物理或化学方法将土壤中的污染物固定起来，或者将其转化成化学性质不活泼的形态，阻止其在环境中迁移、扩散等过程，从而降低污染物的毒害程度[1]。

1. 技术介绍

1）原理

固化/稳定化技术包含固化和稳定化两个方面。固化的原理是向污染土壤中添加固化剂，使土壤转变为结构完整的具有低渗透系数的固化体，或在其表面覆盖渗透性低的惰性材料；稳定化的原理是向污染土壤中添加稳定剂，药剂与土壤中的污染物质发生吸附、沉淀、离子交换等物理化学作用，将污染物转化成化学性质不活泼的形态，降低污染物在土壤环境中的迁移和扩散。为尽可能优化处理效果，在实际工作中一般将固化与稳定化联合使用。

根据固化/稳定化技术在污染土壤修复中不同的操作方式，可分为原位固化/稳定化技术和异位固化/稳定化技术。

2）技术应用基础和前期准备

在利用异位固化/稳定化技术处理污染土壤前，需要分析污染土壤的物理性质、化学特性和污染特性，分析指标包括机械组成、含水率、有机质含量、pH、污染物种类和含量等。因为，应针对不同类型的污染物选择不同的固化/稳定化药剂，并基于土壤类型，研究固化/稳定化药剂的添加量与污染物浸出毒性的相互关系，确定不同污染物浓度时的最佳固化/稳定化药剂添加量。

3）系统构成和主要设备

固化/稳定化技术处理系统一般由土壤预处理系统、固化/稳定化药剂添加和混合搅拌系统、检测验收系统构成。一般来说，修复过程需要使用混合设备、材料存储及输送设备、辅助设备等，包括：

（1）土壤预处理系统主要包括水分调节、破碎、筛分等，主要设备包括挖掘机、喷淋设备、破碎机、振动筛、筛分斗等。

（2）固化/稳定化药剂添加和混合搅拌系统主要设备包括双轴搅拌机、单轴螺旋搅拌机、切割锤击混合式搅拌机等。

4）关键技术参数或指标

固化/稳定化处理的最终效果与土壤性质、污染物类型、固化/稳定化药剂等因素相关。

（1）固化/稳定化药剂的种类及添加量：应通过试验确定固化/稳定化药剂的配方和添加量，并考虑一定的安全系数。工程实践中，稳定化药剂添加量大都不高于 5%，固化药剂添加量大都不高于 20%。

（2）土壤破碎程度：固化/稳定化药剂能否和土壤充分混合与土壤破碎程度有紧密联系。一般土壤颗粒最大的尺寸不宜大于 5 cm。

（3）土壤与固化/稳定化药剂的混匀程度：现场工程师应根据经验判断土壤与固化/稳定化药剂的混匀程度。混合越均匀，固化/稳定化效果越好。

（4）土壤固化/稳定化处理效果评价：稳定化处理后的土壤需进行浸出测试，固化效果评价还需进行无侧限抗压强度测试。

5）异位固化/稳定化技术实施过程

（1）土壤挖掘与转运。

（2）土壤预处理（水分调节、破碎、筛分等）。

（3）固化/稳定化药剂配制。

（4）固化/稳定化药剂添加与混合。

（5）养护、检测、处置和验收。

异位土壤固化/稳定化处理过程中基本都会用到混合设备，在混合体系中，通过泵、机械输送机或其他手段把污染土壤运至进料槽中，然后污染土壤再被运至混合器中，在混合器中污染土壤与固化/稳定化药剂混合，最后进行固化养护操作。

2. 优点及局限性

固化/稳定化技术成熟、应用广泛，但它并没有清除污染物，而是对污染物暴露和迁移的阻断，其长期的修复效果和环境安全性需要深入研究、评估和长期监测。固化修复由于工艺复杂、工艺要求严格、养护时间长、成本相对较高及受气温的影响大等因素，影响了修复企业使用的积极性；稳定化修复主要包括稳定化材料的选择及药剂和土壤混合，具有工艺简单和养护时间短等技术特点，修复企业比较愿意采用[2]。

3. 目前应用情况

固化/稳定化技术主要适用于重金属及砷化合物等污染物，有时也适用于石棉、部分氰化物和有机污染物，但一般不适用于单质汞、挥发性氰化物、挥发性有机污染物。

近年来，我国重金属污染土壤固化/稳定化工程越来越多，呈快速增长的势头，并已成为主导技术。工程量从几百立方米土壤到几十万立方米土壤，固化/稳定化技术不仅在污染土壤修复中应用，而且已成为河道污染底泥处理的重要技术。我国固化/稳定化技术已应用在汞、铅、镉、砷等重金属污染土壤和底泥，并在多环芳烃和农药污染的底泥中应用[2]。

根据国内现有案例，工程修复时间为 4~6 个月，主要费用组成包括土方工程、修复实施、二次污染防治措施等，综合单价为 850～1 200 元/m³。

4. 污染防治重点

（1）固化/稳定化修复作业应在具有防渗、防雨和防风的空间内进行。

（2）阻隔回填区应采用不少于四层的封闭结构，由外至内宜分别为钢筋混凝土、土工布、HDPE 膜、土工布。

（3）选用环境友好型的固化/稳定化药剂。

（4）如采用浸出方式验收，目标污染物浸出浓度需达到《地下水质量标准》（GB/T 14848）III 类标准。

5. 案例：某砷污染场地土壤修复项目

（1）场地背景：该厂建成于 1976 年，总占地面积约为 4.59 hm²，主要进行羽绒加工生产；曾经作为工业用地、仓储用地等使用，修复前该场地被用作临时停车场。2013 年年初，场地内所有建筑物均被拆除，规划为居住用地。

（2）场地污染特征：该场地的主要污染物为砷。经调查显示，砷最高超标浓度为 274 mg/kg；修复总面积约为 7 210 m²，垂直方向上砷超标点位主要集中于中层（2～4 m）和深层（4～8 m）土壤。

（3）工程规模：污染土壤土方量约为 1.05 万 m³。

（4）修复目标：处理后土壤浸出液中砷含量小于 0.05 mg/L。

（5）场地特征：场地 92.7% 的土壤样品为酸性或微酸性土壤，其余为中性土壤，pH 相对较低；修复土壤约 84% 为粉质黏土，其余为杂填土，黏粒含量在 57%～67%。

（6）技术选择：综合场地基本特征，考虑技术成熟性、处理效果、修复时间、修复成本、修复工程的环境影响等因素，并结合场地责任单位对场地修复工期的实际要求，对场地采集部分污染土壤进行稳定化实验室小试。经过比选，采用稳定化+阻隔填埋的修复技术处理本场地污染土壤。

（7）污染土壤处理实施步骤可概括为：污染土壤破碎筛分、稳定化处置、处理效果检测以及验收合格土壤阻隔填埋等。

其中，异位稳定化系统主要包括清挖前准备（定位放线等）、土壤稳定化处理场建设、污染土壤清运、污染土壤与未污染土壤分类、未污染土壤回填、稳定化处理、验收合格土壤处置区填埋等。

（8）修复周期：前期准备工作主要包括修复技术方案论证、施工实施方案论证、深基坑设计论证等，共 20 天；施工准备阶段的工作包括进驻现场资料交接、人员设备材料进场、临时用电及用水工程建设、处理场地建设、开挖支护措施安装，共 20 天；施工准备工作完成后，对主要的施工设备进行安装调试，并试运行，主要调试设备为筛分破碎设备、钢板桩及灌注桩施工设备 4 天；土壤清挖转运 40 天；污染土壤处理 20 天；土方回填 50 天；竣工验收 10 天。工程修复周期共 160 天左右。

（9）费用分析：修复费用约 1 100 元/m³。

（10）修复效果：稳定化处理后的土壤，参照《固体废物浸出毒性浸出方法水平振荡法》（HJ 557—2007）提取浸出液，浸出液中目标污染物的浓度均低于目标值，顺利通过验收。

（案例提供单位：北京高能时代环境技术股份有限公司）

参考文献

[1] 李萌. 天津市某镍污染场地风险评价及修复技术研究[D]. 天津：天津科技大学，2016.

[2] 彭德伟. 我国土壤污染现状及修复技术分析[J]. 建筑工程技术与设计，2018（17）：50-56.

5.2　水泥窑协同处置技术

水泥窑协同处置技术适用于挥发性及半挥发性有机污染物（如石油烃、农药、多环芳烃、多氯联苯等）、重金属等大多数污染物；但是，高温会破坏土壤的结构，且耗能较大，为了保证污染物去除彻底及不损害产品质量，需控制入窑污染物及土壤中硫、氯等物质的含量，对水泥窑操作过程进行全过程控制。

1. 技术介绍

1）原理

水泥窑协同处置技术的原理是利用水泥回转窑内的高温、气体长时间停留、热容量大、热稳定性好、碱性环境、无废渣排放等特点，在生产水泥熟料的同时，焚烧固化处理污染土壤。在水泥窑内气相温度可达 1 800℃，物料温度可达 1 450℃[3, 4]，在高温条件下，污染土壤中的有机物分解为无机化合物，高温气流与高细度粉状原料充分接触，气流中氯、硫等元素与原料中的碱性物料反应，转化成无机盐，可以有效抑制酸性物质的排放；重金属污染土壤一般从生料配料系统进入水泥窑，经过水泥窑炉最终固定在水泥熟料中；也可根据污染物的种类和含量调整污染土壤入窑位置，以更有效、更快速地完成修复。

2）技术应用基础和前期准备

在利用水泥窑协同处置污染土壤前，须分析各批次污染土壤的污染物质成分含量。分析指标包括污染土壤的含水率、烧失量、成分、碱性物质含量，重金属含量，污染物质成分，氯、氟、硫元素含量。根据生产水泥质量要求，综合确定污染土壤的投加比例。

3）系统构成和主要设备

水泥窑协同处置系统构成一般包括土壤预处理系统、上料系统、水泥回转窑及配套系统、尾气处理系统和监测系统。按照一般系统设置主要设备包括：

（1）土壤预处理系统包括密闭贮存设施、筛分设施、上料系统等，主要设备包括存料斗、板式喂料机、皮带计量秤、提升机，整个上料过程处于密闭环境中。

（2）水泥回转窑及配套系统主要设备包括热交换器、回转式水泥窑、窑尾高温风机、三次风管、回转窑燃烧器、急冷塔、除尘器、螺旋输送机、槽式输送机等，尾气处理系统包括除尘器、活性炭吸附系统等。

（3）监测系统主要包括在线监测系统（氧气、粉尘、氮氧化物、二氧化碳、水分、温度等）及定期监测（水泥窑尾气、水泥熟料等），保证污染土壤处理的效果和生产安全，主要设备为相关监测仪器及设备。

4）关键技术参数或指标

影响水泥窑协同处置效果的因素包括：水泥回转窑的系统配置，污染土壤添加位置，污染土壤中碱性物质含量，重金属污染物初始浓度，氯、氟和硫元素含量，污染土壤添加量等。

系统运行关键参数应通过前期准备，由原材料检测结果分析确定。根据《水泥窑协同处置固体废物环境保护技术规范》（HJ 662）及相关文献[5]，利用水泥窑处置污染土壤过程中应考虑以下参数：

（1）采用的新型干法回转窑应配备完善的烟气处理系统和烟气在线监测设备，为减少小规模处理的污染，预分解窑设计熟料生产规模不宜小于 2 000 t/d[6, 7]。

（2）如污染土壤中 K_2O、Na_2O 含量高，或者硫、氯元素含量过高会使水泥生产过程中间产品及最终产品碱当量高，最终影响水泥品质，且生产过程易出现结皮多、积灰多，耐火材料碱裂等现象[7-9]。

（3）通过调整配比，控制入窑重金属及其他无机物含量，确保水泥窑运转正常且产出水泥熟料中重金属含量满足标准要求[7]；氯元素含量不应大于 0.04%，氟元素含量不应大于 5%；配料后硫化物硫和有机硫总含量不应大于 0.014%，从窑头、窑尾高温区投加的全硫与配料系统投加的硫酸盐硫总投加量不应大于 3 000 mg/kg[4]。

（4）污染土壤添加量应根据污染土壤含水率及上述物质含量综合确定，使入窑配料中各种物质浓度满足《水泥窑协同处置固体废物环境保护技术规范》（HJ 662）的要求；但是常规原料平均尺寸为 80 μm，而污染土壤粒径将达到 50 mm，粒径差异将导致生成的水泥熟料强度降低，进而导致水泥产量的降低，因此为保证水泥生产正常进行，产品产量和质量不受影响，应确定合理的替代率。

5）水泥窑协同处置技术实施过程

水泥窑协同处置技术的实施过程主要包括以下几个方面：

（1）土壤挖掘、预处理与转运。

（2）水泥厂暂存。

（3）进入水泥窑协同处置系统。

（4）水泥熟料中目标污染物检测。

（5）尾气处理。

其中，土壤预处理主要是去除砖块、水泥块、钢筋材料等影响窑炉工矿的物质，在挖掘现场的密闭大棚中进行；水泥厂暂存期间应完成上文中提到的前期准备工作；污染土壤入窑可以从生料配料系统、上升烟道、分解炉、窑门罩或窑尾烟室投放，根据土壤主要污染物的理化性质和水泥窑煅烧过程确定投放位置，一般重金属污染土壤由生料配料系统进入，有机物污染土壤从窑尾烟气室进入窑内，以保证污染物处理彻底，减少二次污染风险；水泥熟料主要检测特征污染物的含量是否满足水泥相关标准要求。

水泥窑协同处置技术的实施过程如图 5.1 所示。

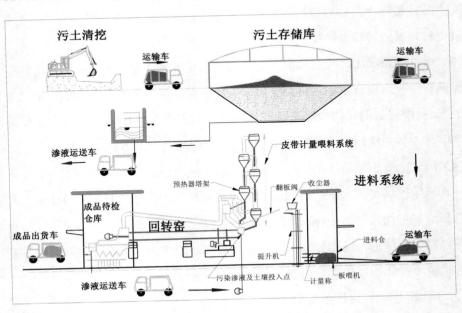

图 5.1　水泥窑协同处置实施过程示意

2. 优点及局限性

水泥窑协同处置技术处理污染物具有独特的优势。首先，对修复后的场地没有开发限制，污染土壤处理结束直接转变为水泥产品，不存在解决修复后土方去向的问题，既是修复方法，也是处置方法。该法对于修复挥发性和半挥发性有机物有特别的优势，正确操作对有机物的去除率可以达到 99.99%，对重金属也具有很好的固化效果[10]。污染物排放易达标，环境危害小，1990—2010 年，全世界水泥窑协同处置废弃物 2.5 亿 t 的情况下，对排放污染物检测次数为：二噁英/呋喃 3 000 多次，重金属 8 000 多次，HCl、SO$_2$、NO$_x$、HF、TOC、粉尘 2 万多次，熟料中重金属及其浸出率分别为 2 万、1.2 万多次，所有检测数据几乎 100% 达到欧盟标准要求[11]。

水泥窑协同处置污染土壤事业发展态势良好，取得了积极成效，发展前景广阔，但推广、发展水泥窑协同处置还存在不少限制因素。首先，随着场地调查及国家土壤详查的推进，现有水泥厂数量满足不了污染土壤处理处置需求，需协调水泥厂进行处置；其次，水泥窑协同处置技术耗能较大，对于含水率高、热值低的土壤需要消耗更多能量，部分水泥厂不愿接收处理污染土壤；而且水泥窑高温会破坏土壤的结构，经水泥窑处理后土壤不适宜再做绿化使用，使用功能有限。

使用该技术时，入窑重金属浓度需满足《水泥窑协同处置固体废物环境保护技术规范》（HJ 662）的相关要求，保障水泥熟料各项指标满足技术要求；还需考虑污染土壤中氯、氟和硫的含量，通过计算确定污染土壤的添加比例，以保证水泥窑系统正常工作；必要时需对水泥窑进料系统和尾气处理系统进行改造。

3. 目前应用情况

该技术适用性强，在国内较为成熟，已获得广泛认可。水泥窑协同处置技术是一位寂寞的"高手"[12]，污染土壤处置在国内也有了较多案例[4, 13-16]；但是，相比污染场地数量及污染土壤方量，各地水泥厂协同处置能力不能满足土壤修复需求。国家相关政府部门应积极扶持水泥窑协同处置项目，予以适当、合理的政策扶持，将激励政策与配套措施具体落实下去[13]。同时，生态环境部门要对水泥窑协同处置垃圾废弃物进行全过程监管，同时加强审批监管，防止当前某些不够资质的水泥企业和环保企业乘机逐利，粗制滥造。

根据国内现有案例，水泥窑协同处置能力受污染土壤添加比例、水泥产能产量及水泥厂协同情况影响较大。工程修复时间为 6～8 个月。协同处置主要费用组成包括土方工程、预处理及转运、水泥厂暂存及协同处置、二次污染防治措施等，综合单价受水泥厂协同处置费用影响较大，目前综合单价为 900～1 200 元/m³。

4. 污染防治重点

水泥窑协同处置目前被国际公认是最安全、最有效的废弃物处置方式，具有节能、环保、经济的优势；但在实际实施中仍需关注和防止污染物排放超标对环境产生二次污染。实施过程中污染防治重点应关注以下几点：

（1）在预处理、运输、修复等环节做好污染防治措施，控制扬尘。

（2）需要对水泥窑尾气进行定期监测。

（3）对有异味的污染土壤，在开挖、转运、暂存、处置等过程中应做好异味控制措施，以符合相关环保要求。

（4）对污染土壤的清挖、场内暂存、预处理、出场、运输、接收、水泥厂暂存和协同处置等应进行全过程环境管理。

5. 案例：某重金属、石油烃复合污染地块土壤修复项目

1）场地背景

该厂主要生产工艺为制浆造纸，2012 年该厂完成环保搬迁，规划作为商业居住用地进行再开发利用。

2）场地污染特征

主要污染物包括砷、铜、铅、锌和总石油烃，砷最高浓度为 1 652 mg/kg、铜最高浓度为 2 300 mg/kg、铅最高浓度为 19 400 mg/kg、锌最高浓度为 28 700 mg/kg、总石油

烃最高浓度为 14 100 mg/kg，污染深度为 0～3.5 m。

3）工程规模

场地面积为 61 万 m²，污染土方量约为 1.8 万 m³。

4）修复目标

修复目标具体包括：

（1）砷修复目标值为 60 mg/kg（敏感区）、70 mg/kg（非敏感区）。

（2）铜修复目标值为 372 mg/kg（敏感区）、424 mg/kg（非敏感区）。

（3）铅修复目标值为 300 mg/kg（敏感区）、600 mg/kg（非敏感区）。

（4）锌修复目标值为 2 690 mg/kg（敏感区）、8 450 mg/kg（非敏感区）。

（5）总石油烃修复目标值为 1 000 mg/kg（敏感区）、1 000 mg/kg（非敏感区）。

5）场地特征

该地块地层由上至下依次为：

（1）0～3.0 m 处为细沙质状土壤。

（2）3.0～9.0 m 处为黏土状或淤泥状。

6）技术选择

综合场地基本特征，考虑技术成熟性、处理效果、修复时间、修复成本、修复工程的环境影响等因素，并结合场地责任单位对场地修复工期的实际要求，经过比选，最终选定水泥窑协同处置技术进行修复。

7）工艺实施步骤

工艺实施步骤包括污染土壤清挖、运输、水泥厂暂存、预处理、预处理合格土壤入窑、水泥熟料检测。

具体为：

（1）污染土壤清挖后直接运输至水泥厂内符合环保要求的场地进行暂存。

（2）在密闭车间内对土壤进行筛分破碎和化学氧化预处理（少量总石油烃污染土壤），满足入窑条件，车间外配备尾气处理系统，保证预处理过程中产生的废气达标排放。

（3）预处理后土壤采样检测，符合入窑标准的土壤运输至污染土壤卸料点，由密闭输送装置送入水泥窑内高温焚烧。

（4）将污染土壤中的有机物高温焚烧彻底分解，并将重金属固定在水泥熟料中，实现土壤的无害化处置，修复后的土壤成为水泥熟料的一部分。

8）修复周期

土壤完成清挖、运输工期为 34 天，协同处置工期为 147 天。

9）费用分析

修复费用约为 900 元/m³。

10）修复效果

实际完成约 1.71 万 m³ 污染土壤（不含建筑垃圾）的修复，修复后基坑内目标污染物均低于修复目标值；污染土壤经水泥窑协同处置后的水泥熟料和产品均满足水泥产品质量标准，顺利通过验收。

（案例提供单位：武汉都市环保工程技术股份有限公司）

参考文献

[1] 崔龙哲，李社锋. 污染土壤修复技术与应用[M]. 北京：化学工业出版社，2017：163-220.

[2] 李元杰，王晓琳. 污染场地修复技术的简要成本—效益分析[C]. 中国环境科学学会论文集，2017，1，595-601.

[3] 方艳新，田桂萍. 国内外水泥窑协同处置废弃物技术综述[J]. 建材发展导向，2017（15）：72-75.

[4] 刘志阳. 水泥窑协同处置污染土壤的应用与前景[J]. 污染防治技术，2015，28（2）：35-37.

[5] 贾建丽，于妍. 污染场地修复风险评价与控制[M]. 北京：化学工业出版社，2015：66-67，72.

[6] 刘姚君，颜碧兰. 国标《水泥窑协同处置固体废物技术规范》编制说明[J]. 水泥，2014（4）：51-54.

[7] 彭金平，刘晨. 浅析 GB 30760—2014《水泥窑协同处置固体废物技术规范》[J]. 标准导报，2015（7）：35-37.

[8] 张俊丽，刘建国，等. 水泥窑协同处置与水泥固化/稳定化对重金属的固定效果比较[J]. 环境科学，

2008，29（4）：1128-1132.

[9] 郭成成，田轲. 水泥窑协同处置危废中硫和氯对生产的影响及控制[J]. 水泥，2018（2）：15-18.

[10] 苗小磊. 水泥窑协同处置技术对固化重金属作用的研究[J]. 中国水泥，2018（7）：84-86.

[11] 高长明. 水泥窑协同处置对环境的影响[J]. 中国水泥，2015（2）：24-25.

[12] 朱玉宽. 水泥窑协同处置：寂寞的"高手"[J]. 绿色视野，2017（Z1）：43-45.

[13] 黄莹. 水泥窑协同处置究竟是"清道夫"还是"投机客"？[N]. 中国建材报，2018-04-20（002）.

[14] 郭成成，田轲. 水泥窑协同处置技术对固化重金属作用的研究[J]. 中国水泥，2018（2）：35-18.

[15] 户宁，武振平，等. 水泥窑协同处置污染土壤实例分析[J]. 水泥，2016（4）：10-12.

[16] 许伟，沈桢，等. 水泥窑协同处置污染土壤修复项目环境监理时间[J]. 水泥，2016（4）：10-12.

5.3　异位热脱附技术

热脱附是利用加热提高有机污染物的挥发性，使其从土壤中去除的技术，广泛应用于有机污染场地的修复。按加热温度区分，加热温度低于320℃的称为低温热脱附，用于脱附中低沸点的污染物，如汽油、柴油和润滑油等，而加热温度高于320℃的称为高温热脱附，用于脱附沸点较高的有机物，如多氯联苯和二噁英[1]。

1. 技术介绍

1）原理

热脱附技术是通过直接或者间接加热，将污染土壤加热至目标污染物的沸点以上，通过系统温度和物料停留时间有选择地促使污染物气化挥发，使目标污染物与土壤颗粒分离、去除。

2）技术应用基础和前期准备

异位热脱附技术应用前，需要识别土壤污染物的类型及其浓度，了解土壤质地、粒径分布和含水率等参数，同时还需要确定场地信息、处理土壤体积、项目周期和处理目标等。此外，还需要考虑是否有足够的空间进行土壤预处理，公用设施（燃料、水、电）

是否满足要求等。

3）系统构成和主要设备

异位热脱附处理主要包括预处理系统、加热脱附系统、尾气处理系统、净化土壤后处理系统及控制系统等。

（1）直接加热系统。

①加热脱附系统：污染土壤进入热转窑后，与热转窑燃烧器产生的火焰直接接触，部分污染物被直接高温氧化去除；部分污染物被加热至汽化温度转移至气相，达到污染物与土壤分离的目的。

②尾气处理系统：富集气化污染物的尾气通过旋风除尘、二次燃烧、急冷降温、布袋除尘、碱喷淋等环节去除尾气中的污染物。

（2）间接加热系统。

①加热脱附系统：燃烧器产生的火焰均匀加热窑体外部，污染土壤被间接加热至污染物的沸点后，污染物与土壤分离进入废气中，通过燃烧去除。

②尾气处理系统：热脱附产生的尾气经尾气处理系统进一步处理后达标排放。

4）关键技术参数或指标

影响热脱附修复效果的指标主要包括土壤理化特性和土壤污染特征。

（1）土壤理化特性。

①土壤工程技术性质：土壤质地一般可划分为沙土、粉土、黏性土。沙土土质疏松，对液体物质的吸附力及保水能力弱，易热脱附。黏性土颗粒细，性质正好相反，污染物较难脱附。

②土壤含水率：土壤中水分受热挥发会消耗大量的热量。为保证热脱附的效能，进料土壤的含水率宜低于25%。

③土壤粒径分布：如果超过50%的土壤粒径小于200目，细颗粒土壤可能会随气流排出，导致尾气处理系统超载。最大土壤粒径不宜超过5 cm。

（2）土壤污染特征。

①污染物种类：不同污染物沸点不同，利用此特性可以针对不同有机污染物设置特

定热处理温度，提高处理效果，节约能源；也可以通过调节加热温度和处理时间使不同有机污染物从污染土壤中顺序批次地脱附，以便于尾气处理。

②污染物浓度：有机污染物浓度过高会增加土壤热值，进而损害热脱附设备，存在爆炸风险，故气相中有机污染物浓度应低于爆炸下限值的 25%。一般有机污染物含量高于 1%～3%的土壤不适用于直接热脱附系统，可采用间接热脱附处理。

③沸点范围：一般直接热脱附处理土壤温度范围为 150～650℃，间接热脱附处理土壤温度为 120～530℃。

④二噁英的形成：多氯联苯及含其他含氯有机污染物在受到低温热破坏时或者高温热破坏后的烟气降温过程易产生二噁英。故在尾气燃烧后还需要特别的急冷装置，使高温气体的温度迅速降低至 200℃以下，防止二噁英生成。

5）异位热脱附技术实施过程

（1）土壤挖掘与转运。

（2）土壤预处理。

（3）进入热脱附系统处置及尾气处理。

（4）土壤降温除尘、堆置待检。

（5）检测、验收及再处置。

2. 优点及局限性

热脱附是一个物理分离过程，将污染物从固相转移至气相，不以有机物的降解为主要目的。异位热脱附技术是将受污染土壤转移到热脱附设备进行处置，所需的修复周期相对较短，且可通过匀化、筛分、连续搅拌等手段控制处理的一致性，处理量大，修复效果好，修复效率高。但是，异位处理决定其需要挖掘土壤，需增加工程设施，对小体量污染土壤修复项目技术经济性较差，成本高，能耗高，需协调加热能源来源；处理效率受土壤性质影响较大，对预处理要求较高，而且对设备耐高温、耐磨损要求高[1]。

3. 目前应用情况

热脱附技术可处理石油烃、挥发性有机物、半挥发性有机物、多氯联苯、呋喃、杀虫剂等污染物,但一般不适用于腐蚀性有机物、高活性氧化剂和还原剂含量较高的土壤,亦不适用于含有汞、砷、铅等的复合污染土壤。

根据国内现有案例,设备安装调试时间为 3 个月左右,工程修复时间为 4~6 个月(直接热脱附),主要费用组成包括土方工程、修复实施、二次污染防治措施等,综合单价为 1 000~1 500 元/m³。

4. 污染防治重点

(1)清挖、运输、预处理过程中应做好控制,防止扬尘与挥发性有机物污染。

(2)土壤修复过程中应采取有效措施防止二噁英的产生。

(3)预处理环节做好密封措施,需对废气进行处理;直接热脱附尾气宜采用二次燃烧+冷凝+除尘处理后达标排放。

5. 案例:某重金属和多环芳烃污染场地土壤修复项目

(1)工程背景:该场地于 1958 年建厂,2013 年 9 月全部停产,开始搬迁。规划作为居住用地等进行再开发利用。

(2)场地污染特征:项目地块主要受重金属和多环芳烃污染,以多环芳烃类污染物为主,多环芳烃浓度为 0.63~2 027 mg/kg。

(3)工程规模:修复面积约为 15.79 hm²,污染最大深度 5 m,污染土方量约为 51.8 万 m³。

(4)修复目标:

多环芳烃类污染物修复目标见表 5.1。

表 5.1 多环芳烃类污染物修复目标

序号	类型	污染物	土壤修复目标 （重金属 mg/L，多环芳烃 mg/kg）
1	多环芳烃	萘	50
2		苊	5
3		芴	50
4		蒽	50
5		荧蒽	50
6		芘	50
7		苯并[a]蒽	0.63
8		䓛	50
9		苯并[b]荧蒽	0.63
10		苯并[k]荧蒽	6.33
11		苯并[a]芘	0.63
12		茚并[1,2,3-cd]芘	0.63
13		二苯并[a,h]蒽	0.63
14		菲	5
15		苯并[g,h,i]芘	5
16		苊烯 二氢苊	5
17		总石油烃	1 000

（5）技术选择：由于该场地土壤受多环芳烃污染，且修复目标较严、工期较短，用化学氧化、生物修复等技术难以满足要求。采用热脱附技术设备可以在较短时间内将污染物彻底去除，并且可以满足修复后土壤原地回填的要求，避免了外运处置风险。

（6）实施步骤：设备安装调试、土壤热脱附处理、尾气处理达标排放、验收。

（7）调查及修复周期：4 年 2 个月。

（8）费用分析：设备、运输、安装调试、基础建设及折旧费用为 286 元/m³，合计 600 万元。水、电、燃料、机械、人工等费用合计为 814 元/t 土。综合修复费用约为 1 100 元/m³。

（9）修复效果：实际修复污染土壤约为 52 万 m³，有机污染土壤全部修复合格。

（案例提供单位：北京建工环境修复股份有限公司）

参考文献

[1] 刘洁. 多氯联苯污染土壤改性剂协同热脱附机理及实验研究[D]. 杭州：浙江大学，2016.

5.4　异位化学氧化技术

化学修复技术是指利用一些化学物质的氧化、还原和催化等性能将土壤中污染物质转化或降解为低毒或无毒物质，此类修复技术无论是在有机物还是无机物污染修复方面都已有广泛的应用[1]。

1. 技术介绍

1）原理

异位化学氧化技术是向污染土壤添加氧化剂，通过氧化作用，使土壤中的污染物转化为无毒或相对毒性较小的物质。目前常见的化学氧化法有芬顿法、类芬顿法、H_2O_2 氧化法、O_3 氧化法、高锰酸盐氧化法和过硫酸盐氧化法等。

2）技术应用基础和前期准备

该技术的适用性以及修复效果在一定程度上受土壤物理性质、化学特性、污染特性的影响。为此，应针对不同类型的污染物，选择适用的氧化剂，并基于土壤类型，研究确定最佳氧化剂添加量。

3）系统构成和主要设备

（1）预处理系统：对开挖出的污染土壤进行破碎、筛分或添加土壤改良剂等。该系统设备包括破碎筛分铲斗、挖掘机、推土机等。

（2）药剂混合系统：将污染土壤与药剂进行充分混合搅拌。

按照设备的搅拌混合方式，可分为两种类型：采用内搅拌设备，即设备带有搅拌混合腔体，污染土壤和药剂在设备内部混合均匀；采用外搅拌设备，即设备搅拌头外置，需要设置反应池或反应场，污染土壤和药剂在反应池或反应场内通过搅拌设备混合均匀。该系统设备包括行走式土壤改良机、浅层土壤搅拌机等。

（3）防渗系统为反应池或是具有抗渗能力的反应场，能够防止外渗，并且能够防止搅拌设备对其损坏，通常做法有两种，一种采用抗渗混凝土结构；另一种采用防渗膜结构加保护层。

4）关键技术参数或指标

影响异位化学氧化修复效果的关键技术指标包括污染物的性质、浓度、药剂投加比、土壤渗透性、土壤活性还原性物质总量或土壤氧化剂耗量、pH、含水率和其他土壤地质化学条件。

（1）土壤活性还原性物质总量：氧化反应中，向污染土壤中投加氧化药剂，除考虑土壤中还原性污染物浓度外，还应兼顾土壤活性还原性物质总量的本底值，将能消耗氧化药剂的所有还原性物质量加和后计算氧化药剂投加量。

（2）药剂投加比：根据修复药剂与目标污染物反应的化学反应方程式计算理论药剂投加比，并根据实验结果予以校正。

（3）pH：根据土壤初始 pH 条件和药剂特性，有针对性地调节土壤 pH，一般 pH 范围在 4.0～9.0。常用的调节方法包括加入硫酸亚铁、硫黄粉、熟石灰、草木灰及缓冲盐类等。

（4）含水率：对于异位化学氧化反应，土壤含水率宜控制在土壤饱和持水能力的 90%以上。

5）异位化学氧化技术实施过程

（1）土壤挖掘与转运。

（2）土壤预处理（土壤破碎、筛分等）。

（3）氧化药剂配制、添加与混合。

（4）养护、检测、再处置和验收。

2. 优点及局限性

异位化学氧化技术成熟，处理工艺简单，修复费用较低，适用污染物范围较广，但可能会产生有毒有害的中间产物和残留药剂，药剂使用不当还可能产生安全问题。

3. 目前应用情况

异位化学氧化技术可处理石油烃、苯系物（苯、甲苯、乙苯、二甲苯等）、酚类、甲基叔丁基醚、含氯有机溶剂等污染物，但一般不适用于重金属污染的土壤修复。

根据国内现有案例，工程修复时间为 6～8 个月，主要费用组成包括开挖、运输、预处理、修复与养护等，综合单价为 700～1 100 元/m³。

4. 污染防治重点

（1）清挖、运输过程中做好控制，防止扬尘与挥发性有机物污染。

（2）相较于其他技术，化学氧化技术二次污染较低，但预处理、修复等环节应做好密封措施，防止异味逸散。

（3）应选用环境友好型的药剂。

5. 案例：某有机污染场地土壤修复项目

（1）场地背景：该厂建成于 1956 年，主要生产产品为香料、食品香精、烟用香精、日化香料、调味品等，总占地面积约为 4.51 hm²，规划作为居住用地再开发利用。

（2）场地污染特征：该场地土壤主要污染物为苯并[a]蒽、邻苯二甲酸双（2-乙基己基）酯、总石油烃。其中，苯并[a]蒽浓度为 1.15 mg/kg，超过修复目标值 0.8 倍，污染深度为 2.4 m；邻苯二甲酸双（2-乙基己基）酯浓度为 384 mg/kg，超过修复目标值 9.88 倍，污染深度为 1.5 m；总石油烃最大浓度为 19 673.2 mg/kg，超过修复目标值 18.67 倍，最大污染深度为 1.5 m。场地土壤需修复总面积为 3 949 m²，修复深度为 3 m。

（3）工程规模：污染土壤约 1.2 万 m³。

（4）修复目标：苯并[a]蒽浓度为 0.64 mg/kg；邻苯二甲酸双（2-乙基己基）酯浓度为 35.31 mg/kg；总石油烃浓度为 1 000 mg/kg。

（5）场地特征：该场地周围地势平坦，主要是由冲积形成，地下层大部分为砂质黏土、黏质沙土，最下层多属沙岩、页岩，地表土壤主要为冲积土，经长期耕作，演变为冲积水稻土和菜园土。

（6）技术选择：综合场地基本特征，考虑技术成熟性、处理效果、修复时间、修复工程的环境影响等因素，根据污染土壤异味较大的特点，并结合周边敏感点情况，对场地污染土壤采取化学氧化处理使有机污染物浓度低于修复目标值，再采用水泥窑综合利用的方式进行最终处置。

（7）工艺实施步骤：污染土壤清挖及场内运输、化学氧化处理、处理后土壤外运、水泥窑综合利用、尾气处理等。

（8）修复周期：施工准备 215 天，修复设施施工 60 天，污染土壤修复约 182 天，最终验收监测和评审约 105 天。

（9）费用分析：项目修复综合单价为 1 200 元/m³。

（10）修复效果：实际完成 1.27 万 m³ 污染土壤的修复，污染土壤经异位化学氧化处理后目标污染物浓度均低于修复目标值，顺利通过验收。

（案例提供单位：武汉都市环保工程技术股份有限公司）

参考文献

[1] 潘栋宇，侯梅芳，刘超男，等. 多环芳烃污染土壤化学修复技术的研究进展[J]. 安全与环境工程，2018，25（3）：54-60，66.

5.5　阻隔技术

阻隔技术是通过敷设阻隔层将污染土壤或经过治理后的污染土壤隔离于防渗阻隔区内，阻断土壤中污染物迁移扩散的途径，避免污染物与人体接触，或发生迁移对人体和周围环境造成危害[1, 2]。按照实施位置不同，阻隔技术可以分为原位阻隔覆盖和异位阻隔填埋[3]。

阻隔技术适用污染物种类多，主要适用于重金属、有机污染物及两者复合污染土壤；但是不宜用于水溶性强的污染物或渗透性高的污染土壤，也不宜用在地质活动频繁或地下水位较高的区域[1]。阻隔技术并未对污染物进行降解和去除，不算是真正意义上的修复技术，而是通过减少污染物与人群及环境的接触途径，保障环境及人群健康，将其划分为一种污染土壤风险管控措施更为恰当。阻隔技术用于污染土壤修复目的时，一般需与其他技术手段联合使用。阻隔系统的建设也要根据场地实际情况综合考虑，确保其长期有效性，并做好监管与跟踪监测。

1. 技术介绍

1）原理

阻隔技术的主要原理是切断暴露途径，即将污染土壤或经过治理后的污染土壤置于防渗阻隔区内，或通过敷设阻隔层阻断土壤中污染物迁移扩散的途径[1, 2]，通过此种方式断绝土壤中的污染物与四周环境接触的可能，从而避免对人体和周围环境造成危害。

原位阻隔覆盖即在原场地不扰动污染土壤的情况下，在污染土壤周围或顶部通过建设阻隔层，阻断外界与污染土壤的接触，避免污染物随降水或地下水迁移或接触人体[1]。原位方式主要适用于暂不开发使用或者不需要扰动下层土壤的修复项目。

异位阻隔填埋是将污染土壤或经过治理后的污染土壤置于防渗阻隔填埋场内[1, 2, 4]，利用高密度聚乙烯（HDPE）、土工布、黏土等防渗阻隔材料建立防渗阻隔系统[5, 6]，限制土壤污染物的扩散及迁移。当原位方式不适用，且场地内其他区域或场地附近有可以用于建设阻隔填埋场的地点时，可以采用异位处理。图 5.2 所示为异位阻隔填埋阻隔系统建设过程及污染土壤填埋过程。

阻隔技术本身不降低土壤污染物的毒性和含量，仅通过减少污染土壤的暴露及控制其迁移性，从而降低环境风险。按照阻隔技术施工方向，阻隔技术又可以分为水平阻隔、垂直阻隔和覆盖阻隔，一般一套完整的异位阻隔工艺施工需要包括全方位阻隔系统的建立，具体施工时可以根据实地环境现状及风险评估结果调整阻隔系统组成。如阻隔区顶层不会有水分入渗的情况下，可以不进行顶层覆盖；或因地形限制确定污染物不会向周围扩散，也可不设置周围的防渗设置。

2）技术应用基础和前期准备

在利用阻隔技术前，应调查清楚场地土壤土质类型、污染物特性及污染场地地下水埋深情况等；施工前还需对场地水文地质情况进行调查，并进行相应的可行性测试，包括阻隔材料的筛选组合、阻隔系统的渗透系数、阻隔系统有效使用年限，进而评估该技术是否适用。

3）系统构成和主要设备

原位阻隔技术主要由土壤阻隔系统、土壤覆盖系统、监测系统构成，根据污染物理化性质及场地特点，可能还需要设置雨水收集与导排系统、气体收集与导排系统、渗滤液收集处理系统等。异位土壤阻隔填埋系统主要包括土壤预处理系统、填埋场防渗阻隔系统、土壤覆盖系统、监测系统等。

其中，土壤阻隔系统主要由可阻止气体和液体进行迁移的防渗阻隔材料构成，如钢板桩、泥浆墙、HDPE 膜、土工布、黏土等，用于将污染范围限制在固定区域内；土壤覆盖系统一般由高渗透性的沙砾石层、低渗透性的黏土层、HDPE 膜、土工布等中的一种或者多种构成；监测系统主要是评估阻隔系统的运行状况及性能，其监测内容和频次取决于阻隔系统的具体类型，一般需对阻隔区域上下游地下水进行定期监测。

阻隔技术施工设计主要设备包括：水平覆盖阻隔系统一般较简单，施工需要挖掘机、推土机、吊装设备等；原位与异位阻隔一般均需要考虑垂直阻隔，垂直阻隔基本类型可分为取代法、挖掘法、注射法等，阻隔类型不同，涉及的施工方式和设备也不相同，原位阻隔系统施工一般需要液压双轮铣槽机、冲击钻等，异位阻隔填埋系统施工时常需要挖掘机、焊膜机、装载机、压实机、推土机及土壤预处理设备，包括破碎、筛分、土壤改良机等设备。

4）关键技术参数或指标

（1）影响阻隔技术修复效果的因素主要包括不同阻隔类型阻隔材料的性能、垂直阻隔系统设计深度、覆盖层厚度等。

（2）阻隔类型及材料：阻隔材料应不与目标污染物发生不良反应，防渗透性强，渗透系数一般要小于 10^{-7} cm/s；不易腐蚀，无毒无害，使用寿命应满足环境风险管控要求。

（3）阻隔系统深度：依据监测的地下水水位数据，需阻隔到不透水层或弱透水层。覆盖层厚度：覆盖层最小厚度应保证其有效性。

5）阻隔技术实施过程

阻隔技术实施主要包括核定施工边界、构筑阻隔系统及后期管理等。图 5.2 为实际案例中异位阻隔系统构建及污土填埋过程。

图 5.2　异位阻隔填埋防渗层建设（左）及填土（右）

（图片为案例项目实施过程）

（1）核定阻隔措施的施工边界。

（2）构筑阻隔系统。

（3）设置覆盖系统。

（4）定期对阻隔区域周边，尤其是地下水流向下游地下水进行监测，防止发生污染渗漏，导致污染扩散。

2. 优点及局限性

阻隔技术主要优点是技术成熟、应用广泛、成本较低、实施周期短。阻隔技术是一种风险管控的工程措施，国内应用已较为成熟，根据目前国内排名较靠前的修复单位调研介绍，相关技术设备已能够完全本土化，且对于轻污染土壤不需要另加药剂，成本较低，且阻隔仅采用工程措施，设计方案确定后施工较快，实施周期较短。采用异位阻隔填埋技术进行修复的场地，在污染土壤开挖到位经过验收后可以马上进入再开发流程。据了解，大部分环保监管部门不允许污染土壤在不同场地之间运输进行异位修复。

阻隔技术的局限性：为了确保阻隔体的完整，阻隔回填区应避开地质条件较差的区域。该技术用于腐蚀性、挥发性较强的污染物时，环境风险相对较大，存在污染物泄漏风险。阻隔回填所占用区域将对场地开发利用产生影响，该区域不应再进行开发，或对污染土壤进行再处置。因阻隔技术仅阻止了污染物的迁移和渗漏，隔离了污染物与周围环境[46]，并没有真正降解和消除污染物，部分地方生态环境监管部门并不认可此种处置方式。

3. 目前应用情况

该技术国内发展已比较成熟，应用较为广泛，通常与固化/稳定化技术联用，用于重金属污染土壤的处置[7, 8]，但是污染场地阻隔修复工程技术、阻隔材料选取、建设施工运维各企业关键技术参数不一致，缺乏团体标准，目前国家层面关于阻隔技术文件《污染地块风险管控技术指南—阻隔技术（试行）》正在征求意见，发布后可给该技术应用提供指导。据统计，2008—2016 年，我国 177 个土壤修复项目中应用阻隔技术的项目占比约 32%[9]。

工程实施时间为 2～3 个月，主要费用是阻隔工程建设费（视阻隔工程结构而定，具体以土建定额为准），综合单价为 400～600 元/m³。

4. 阻隔技术施工要点

阻隔技术施工相对简单，产生二次污染环节较少，主要是在污染土壤开挖、暂存、运输处置过程及施工过程应防止扬尘、噪声对周围环境造成污染，注意施工安全等。

（1）如需进行开挖，应做好洒水抑尘等环保措施，操作全程使用吸附剂、泵或其他设备以立即清理泼洒物，场区冲洗水及入渗地下水需收集处理后再外排。

（2）应在阻隔区域地下水的上下游设置地下水监测井，进行长期监测，监控目标污染物的浓度变化情况，了解阻隔区域对周围环境的影响，及时响应不利状况。

（3）需在阻隔区做好标识，避免其他施工对阻隔措施造成扰动，并登记阻隔拐点坐标，加强后续监管。

5. 案例：某砷污染场地土壤修复项目

（1）场地背景：某电梯厂于 2009 年搬迁至该场地，场地面积为 9.27hm²，主要生产垂直电梯和扶手电梯。规划用地性质为商业商务混合用地、二类居住用地、中小学用地、体育用地及公园用地等。

（2）场地污染特征：主要污染物为砷，最高污染浓度为 301 mg/kg。

（3）工程规模：污染土壤约 1.16 万 m³。

（4）修复目标：清挖后基坑土壤中砷浓度满足居住区≤50 mg/kg、商业区≤70 mg/kg。污染土壤依照《固体废物浸出毒性浸出方法水平振荡法》（HJ 557—2010）进行检测；按照《地下水质量标准》（GB/T 14848—1993）Ⅳ类水标准进行验收。

（5）场地特征：该项目污染土壤土层分布较为复杂，在所揭露深度 8.5 m 范围内主要由黏性土、粉性土组成，渗透系数较低。

（6）技术选择：综合污染物特性、浓度、土壤、地下水特征及项目开发建设需求，对污染土壤采用异位固化/稳定化处理技术+处理后土壤回填在规划绿地及体育用地下方的阻隔回填区，控制保护区的污染区域采用原位工程阻隔技术。

（7）工艺实施步骤：清挖运输、污染土壤与固化/稳定化药剂混合、堆置养护与检验、清挖效果验收与回填等。

（8）修复周期：约 130 天。

（9）费用分析：综合单价约 1 100 元/m³（含固化/稳定化处置费用）。

（10）修复效果：阻隔回填区成功设置了四层的封闭结构，由外至内分别为钢筋混凝土、土工布、HDPE 膜、土工布。原位工程阻隔修复技术采取的阻隔层厚度、混凝土搅拌桩直径与深度和结构完整性等工程指标均通过了土建施工验收，所采取工程控制措施能有效切断污染途径，相应的污染土壤得到了阻隔控制，避免二次污染，顺利通过验收。

（案例提供单位：北京高能时代环境技术股份有限公司）

参考文献

[1] 吴亮亮，王琼. 污染场地阻隔技术应用现状概述[C]. 中国环境科学学术年会论文集，2017，2：24-25.

[2] 李元杰，王晓琳. 污染场地修复技术的简要成本—效益分析[C]. 中国环境科学学会论文集，2017，1：595-601.

[3] 胡波，殷承启. 废弃砒霜厂砷污染治理典型工艺的应用与分析[J]. 资源节约与环保，2016（6）：289-290，292.

[4] 柯国洲，彭书平. 土壤重金属镉修复技术研究进展[J]. 广州化工，2017（14）：28-31.

[5] 刘志斌，施斌. 城市生活垃圾卫生填埋场覆盖系统的设计[C]. 第一届全国环境岩土工程与土工合成材料技术研讨会，2003.

[6] 武远东. 赤泥的综合处理与限制赤泥母液的渗漏污染[J]. 中国金属通报，2009（增刊）：64-66.

[7] 周连碧. 污染场地修复阻隔技术研究与应用[C]. 中国煤炭学会会议论文集，2016：20.

[8] 龚亚龙，李红艳，等. 郴州市王仙岭尾砂库重金属污染治理工程实例[J]. 环境工程，2016（2）：

170-174.

[9]　佚名. 《污染场地阻隔技术指南》团体标准开题论证会在京召开[J]. 中国环保产业，2017（6）：32.

5.6　原位固化/稳定化技术

固化/稳定化技术内含两种含义：固化是指利用黏结剂等将土壤固封在结构完整、低渗透性的材料内，从而隔断污染物与外界环境的联系，从而达到控制污染物迁移的效果；稳定化是将污染物转化为不易溶解、迁移能力或者毒性更低的形式，从而降低对生态系统的危害风险[1]。

1. 技术介绍

1）原理

通过一定的机械力在原位向污染介质中添加固化/稳定化药剂，在充分混合的基础上，使其与污染介质、污染物发生物理、化学作用，将污染介质固封在结构完整的具有低渗透系数固态材料中，或将污染物转化成化学性质不活泼形态，降低污染物在环境中的迁移和扩散能力[2]。

2）技术应用基础和前期准备

在利用该技术进行修复前，应进行污染场地应用原位固化/稳定化技术可行性的相关测试评估，并为下一步工程设计提供基础参数。具体测试参数包括：

（1）固化/稳定化药剂选择，需考虑药剂间的干扰以及化学不兼容性、金属化学因素、处理和再利用的兼容性、成本等因素。

（2）分析所选药剂对其他污染物的影响。

（3）优化药剂添加量。

（4）污染物浸出特征测试。

（5）评估污染介质的物理化学均一性。

（6）确定药剂添加导致的体积增加量。

（7）确定性能评价指标。

（8）确定施工参数。

3）系统构成和主要设备

系统构成主要由挖掘、翻耕或螺旋钻等机械深翻松动装置系统、试剂调配及输料系统、工程现场取样监测系统以及长期稳定性监测系统等组成。

主要设备包括机械深翻搅动装置系统（如挖掘机、翻耕机、螺旋中空钻等）、试剂调配及输料系统（输料管路、试剂储存罐、流量计、混配装置、水泵、压力表等）、工程现场取样监测系统（驱动器、取样钻头、固定装置）、长期稳定性监测系统（监测探头、水分、温度、地下水在线监测系统等）。

4）关键技术参数或指标

关键技术参数或指标包括污染介质组成及其浓度特征、污染物组成及空间分布、固化/稳定化药剂配比与用量、场地地质特征、无侧限抗压强度、渗透系数以及污染物浸出特性等。

（1）污染介质组成及其浓度特征：污染介质中可溶性盐类会延长固化剂的凝固时间并大大降低其物理强度，水分含量决定添加剂中水的添加比例，有机污染物会影响固化体中晶体结构的形成，往往需要添加有机改性黏结剂来屏蔽相关影响，修复后固体的水力渗透系数会影响到地下水的侵蚀效果。

（2）污染物组成及空间分布：对无机污染物，添加固化/稳定化药剂即可实现非常好的固化/稳定化效果；对无机物和有机物共存时，尤其是存在挥发性有机物（如多环芳烃类）时，则需添加除固化剂以外的添加剂以稳定有机污染物。

（3）污染物位置分布：污染物仅分布在浅层污染介质当中时，通常采用改造的旋耕机或挖掘铲装置实现土壤与固化剂混合；当污染物分布在较深层污染介质当中时，通常需要采用螺旋钻等深翻搅动装置来实现试剂的添加与均匀混合。

（4）固化剂组成与用量：有机物不会与水泥类物质发生水合作用，对于含有机污染物的污染介质通常需要投加添加剂以固定污染物。石灰和硅酸盐水泥一定程度上还会增加有机物质的浸出。同时，固化剂添加比例决定了修复后系统的长期稳定性特征。

（5）场地地质特征：水文地质条件、地下水流速、场地上是否有其他构筑物、场地附近是否有地表水存在，这些都会增加施工难度并会对修复后系统的长期稳定性产生较大影响。

（6）无侧限抗压强度：修复后固体材料的抗压强度一般应大于 50 Pa/ft^2（约合538.20 Pa/m^2），材料的抗压强度至少要和周围土壤的抗压强度一致。

（7）渗透系数：衡量固化/稳定化修复后材料的关键因素。渗透系数小于周围土壤时，才不会造成固化体侵蚀和污染物浸出。固化/稳定化后固化体的渗透系数一般应小于 10^{-6} cm/s。

（8）浸出性特征：针对固化/稳定化后土壤的不同再利用和处置方式，采用合适的浸出方法和评价标准。

5）主要实施过程

（1）土壤预处理。

（2）固化/稳定化药剂配制。

（3）固化/稳定化药剂添加与混合。

（4）养护、检测、再处置和验收。

2. 优点及局限性

原位固化/稳定化技术是一种行之有效的土壤治理修复技术。该技术具有无须开挖、费用低、处理时间短等优点；同时该技术成熟，能提高修复企业选用此技术的积极性。但是，由于该技术并不能降低污染物总量，只是降低污染物在土壤中迁移和扩散，故而不适用以总量验收为标准的修复。其修复结果存在不确定性，需进行长期监控。

3. 目前应用情况

固化/稳定化技术主要适用于重金属及砷化合物等污染物；有时也用于石棉、氰化物及部分有机污染物。但是，一般不适用于单质汞、挥发性氰化物、挥发性有机污染物。未来不进行开挖等扰动的污染土壤修复项目可选择该技术。

虽然我国的该技术相较国外起步较晚，但随着我国土壤修复治理行业的发展，目前已有相关的工程实践案例。结合当前案例，工程修复时间为 3～4 个月，综合单价为 500～800 元/m³。

4. 污染防治重点

（1）修复区域周边应设置止水帷幕，渗透系数应小于 10^{-7} cm/s，并在顶部采取相应防渗措施。

（2）应选用环境友好型的固化/稳定化药剂。

（3）如采用浸出方式验收，目标污染物浸出浓度需达到《地下水质量标准》（GB/T 14848）III 类标准。

5. 案例：某重金属污染场地土壤修复项目

（1）场地背景：该场地原为造纸厂，始建于 1983 年，总占地面积为 1.78 hm²；20 世纪 70 年代以前，经水路运输的硫铁矿暂存在码头区域。2012 年，该场地完成环保搬迁，大部分厂房及设施已拆除，剩余少量保留建筑、废弃仓库和办公楼。规划作为居住用地等进行再开发利用。

（2）场地污染特征：该场地的主要污染物为砷、铜、铅、锌等重金属。砷最高浓度为 1 652 mg/kg，铜最高浓度为 673 mg/kg，铅最高浓度为 10 600 mg/kg，锌最高浓度为 26 500 mg/kg。

（3）工程规模：污染土壤约为 6.69 万 m³，最大污染深度为 5.5 m。

（4）修复目标：修复后场地土壤重金属污染物浸出值应满足《地下水质量标准》（GB/T 14848—1993）IV 类标准，即砷、铜、铅、锌修复目标值分别为 0.05 mg/L、1.5 mg/L、0.1 mg/L、5 mg/L。

（5）场地地层特征。

地层由上至下依次为：①沙质土：呈细沙质状；②黏土：呈淤泥状。

（6）技术选择：综合场地基本特征，考虑技术成熟性、处理效果、修复时间、修复成本、修复工程的环境影响等因素，并结合场地责任单位对场地再开发和工期的实际要求，采集部分污染土壤进行小试。经过初步比选，选用原位固化/稳定化技术处理本地块污染土壤，必要时还须采取阻隔技术。

（7）工艺实施步骤：污染土壤筛分破碎、固化/稳定化处置、处理效果检测以及达标后表层覆土回填等。具体为：①根据场地方提供的拐点坐标进行测量放线工作，确定污染场地的修复范围及边界；②清除影响作业的障碍物并开挖施工沟槽；③定号桩位点，布置钻头；④进行预搅下沉与药剂喷注，同时进行搅拌，使污染土壤与固化/稳定化药剂充分混合均匀；⑤对污染土壤进行养护和自检工作，联系第三方验收单位取样检测，验收达标后进行表层覆土回填，若不达标则对污染土壤重新进行处理。

（8）修复周期：126 天。

（9）费用分析：综合单价约为 500 元/m³。

（10）修复效果：实际修复污染土壤 6.28 万 m³。修复后，目标污染物浸出浓度达到修复目标值，顺利通过验收。

（案例提供单位：中科鼎实环境工程股份有限公司）

参考文献

[1] 张长波，等. 污染土壤的固化/稳定化处理技术研究进展[J]. 土壤，2009，41（1）：8-15.

[2] 周启星，宋玉芳，等. 污染土壤修复原理与方法[M]. 北京：科学出版社，2004：356.

5.7 土壤洗脱技术

由于污染物主要集中分布于较细的土壤颗粒上，经过洗脱处理，可以有效地减少污染土壤的处理量，实现减量化。

土壤洗脱可处理的污染物类型主要有重金属和部分半挥发性有机污染物，低辛烷/

水分配系数的有机污染物；适用于砂质土壤，不适用于黏土或者细粒含量较多的土壤类型。因为污染物易吸附在较细的土壤颗粒上，异位洗脱技术经过粒径分级和洗脱可以很好地做到污染土壤的减量化，污染物经洗脱转移至液相中，使污染土壤得到修复，再对淋洗剂进行处理后达标排放即可。

1. 技术介绍

1）原理

土壤洗脱是采用物理分离或增效洗脱等手段，通过添加水或合适的增效剂，分离重污染土壤组分或使污染物从土壤相转移到液相的技术[1]。按实施位置不同，洗脱技术可以分为原位洗脱和异位淋洗。

原位土壤洗脱技术，又叫土壤冲洗技术，它主要是通过污染土壤层上的注射井或莲蓬喷头之类的装置进入污染土壤层，产生的污水经排放井泵出处理后排放或循环利用。原位洗脱技术应用于污染土壤层下为非渗透层的特定条件，因此洗脱后的废水能够通过水泵泵出而得到有效处理[2]。土壤原位洗脱流程如图 5.3 所示。因原位洗脱需对处理过程进行实时控制，若操作不当，洗脱液在土壤中过量或长时间留存会存在污染地下水风险，部分地区生态环境部门不支持此种处理方式。

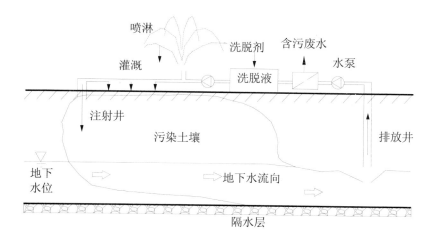

图 5.3　土壤原位洗脱流程[2]

异位土壤洗脱技术是将污染土壤挖出进行洗脱的方式，经预处理后的土壤采用堆积洗脱、柱洗脱或振荡洗脱的方式进行处理，洗脱效率比原位相对较高，且过程可控，二次污染风险较小。

2）技术应用基础和前期准备

应用洗脱技术前期需要了解污染物种类及物化性质，土壤类型及场地水文地质特征。污染物种类、浓度及其理化性质等是筛选淋洗剂的最重要参考；土壤质地、土壤有机质含量、土壤阳离子交换量、土壤 pH 及缓冲容量等土壤性质会影响淋洗剂的扩散及其对污染物的洗脱效率；场地非渗透层的完整性、地下水含量及交换情况会影响淋洗剂扩散，影响洗脱效率及产生二次污染的可能。

3）系统构成和主要设备

原位土壤洗脱处理系统一般包括洗脱剂添加系统、废水排出系统、废水处理及回用系统。

异位土壤洗脱处理系统一般包括土壤预处理系统、物理分离系统、洗脱系统、废水处理及回用系统等。具体场地修复中可选择单独使用物理分离系统或联合使用物理分离系统和增效洗脱系统。

原位洗脱系统设备包括喷淋头、泵、管道、井管、钻井设备、废水收集箱、废水处理设备等。

异位洗脱系统主要设备包括土壤预处理设备（破碎机、筛分机等）、输送设备（皮带机或螺旋输送机等）、物理分离设备（水力旋流器、湿法振动筛等）、洗脱设备（滚筒清洗机、水平振荡器等）、泥水分离设备（沉淀池、压滤机等）、废水处理及回用设备（废水收集箱、物化处理系统等）等[3]。

4）关键技术参数或指标

影响洗脱技术修复效果的因素主要包括土壤细粒含量、污染物的性质和浓度、水土比、洗脱时间、洗脱次数、增效剂的选择、增效洗脱废水的处理及药剂回用等[4, 5]。

5）洗脱技术实施过程（异位）

（1）污染土壤挖掘及预处理。

（2）经过物理分离系统，得到清洁物料（粗颗粒和沙粒）。

（3）分级后的细颗粒进入泥浆处理系统进行沉淀和压滤处理，泥饼根据污染物性质选择最终处理处置方式。

（4）定期采集粗颗粒、沙粒及土壤样品进行分析，掌握污染物去除效率。

（5）洗脱系统废水需要收集处理后回用或达标排放。

（6）最终土壤处置。

2. 优点及局限性

洗脱技术的主要优点是可有效降低土壤中污染物总量，污染土壤减量化效果明显，污染物去除率高，适用范围广且能够回收其中的部分金属及有机物。

洗脱技术的局限性为该技术不适用于含有挥发性有机污染物或污染废渣的土壤；对小体量污染土壤项目及细颗粒含量较高的土壤技术经济性较差，通常异位土壤洗脱处理对于细粒［粒径小于 63～75 μm 的粉（黏）粒］含量达到 25% 以上的土壤不具有成本优势[6]；对土壤黏粒含量较高、渗透性比较差的土壤修复效果相对较差[7]；系统构成复杂，占地面积大；需配合其他技术处理洗脱后剩余的高污染土壤或泥饼及协调落实污水排放去向；无机酸、碱易破坏土壤结构及肥力、有机洗脱剂又容易造成二次污染，因此如何选择一款修复效果好、环境友好型的洗脱剂也是该技术应用推广的一个限制条件。

3. 目前应用情况

土壤洗脱技术在加拿大、美国、欧洲及日本等已有较多的应用案例，目前已应用于石油烃类、农药类、持久性有机污染物、重金属等多种污染场地。我国在 20 世纪 90 年代开始土壤洗脱技术的研究，该技术常与其他技术联用，用于污染土壤预处理和减量化。目前，污染场地使用洗脱技术处理污染土壤主要考虑洗脱剂费用、洗脱废水的处理难度、洗脱剂对土壤结构和性质的改变，因此寻找环境友好型的天然有机酸或天然生物表面活性剂会为洗脱技术提供更为广阔的发展空间。根据国内现有案例，工程修复时间一般为3～4 个月；主要费用组成包括土方工程、筛分、洗脱及二次污染防治等，综合单价为400～600 元/m³。

4. 污染防治重点

土壤洗脱技术可能发生二次污染的环节主要在洗脱液配制、洗脱液添加、土壤洗脱机洗脱废水处理过程。因此利用洗脱技术进行污染场地修复时，需注意以下几点：

（1）若采用原位洗脱需防止污染地下水。

（2）若污染场地含有机污染物，需设置气体收集处理装置，防止污染气体挥发造成二次污染。

（3）异位洗脱作业场地需进行防渗处理。

（4）洗脱废水需进行收集处理并达标排放。

（5）浓缩污染物需要安全化处置。

5. 案例：某石油烃污染场地异位淋洗修复[8]

场地土壤石油烃来源于废油再生产过程。小型炼油厂将购买的废油经土法炼制汽油、柴油，然后出售。废油再生常用方法是蒸汽加热法，是利用油水难溶和水的沸点比油低的原理，通过加热静置分离去除水分，再使用浓硫酸氧化去除废油中的有机物，然后利用活性白土吸附色素，通过过滤去除机械杂质，最终将废油炼成成品油。这些小型炼油厂往往没有防护措施，炼油的同时严重污染了当地土壤环境和地下水。

经调查，场地石油烃总量超标土壤约 100 m³，土壤理化性质有机质 13.6%，阳离子交换量 7.14 cmol（＋）/kg，全氮 0.28%，全磷 0.31%，全钾 1.81%，水解性氮 89 mg/kg，有效磷 64.0 mg/kg，速效钾 208 mg/kg。

设计目标为使用淋洗技术修复石油烃污染土壤 100 m³，去除率大于 90%，使之低于我国土壤石油烃污染物限值，修复后土壤满足建设绿地或绿化用地功能要求。

现场设淋洗池 2 座，作为土壤淋洗容器；地下水监测井；淋洗废水处理装置 1 套，包括初沉池、曝气池、絮凝池、絮凝槽、沉淀池、砂滤池、回用水池、控制池、淋洗液布水管路等。

淋洗开始前 A 池和 B 池平均石油烃含量分别为 32 175 mg/kg 和 30 126 mg/kg。使用复配淋洗液淋洗 3 个月（4 t/d）后，A 池和 B 池平均石油烃含量均低于国家限值；地下水质主要指标值没有显著性差异。

参考文献

[1]　张文，徐峰，等. 重金属污染土壤异位淋洗技术工艺分析及设计建议[J]. 环境工程，2016（12）：177-182，187.

[2]　周井刚，梁志蓉，等. 重金属污染土壤洗脱修复技术研究进展[J]. 环保科技，2016（4）：54-57.

[3]　王文坦，李社锋，等. 我国污染场地土壤修复技术的工程应用与商业模式分析[J]. 环境工程，2016（1）：164-167.

[4]　周井刚，梁志蓉. 重金属污染土壤洗脱修复技术研究进展[J]. 环保科技，2016，22（4）：54-57.

[5]　程功弼. 一种土壤异位淋洗系统及方法[P]. 中国，CN104874599A. 2015. 09. 02.

[6]　崔龙哲，李社锋. 污染土壤修复技术与应用[M]. 北京：化学工业出版社，2017：163-220.

[7]　张乃明，包立. 重金属污染土壤修复理论与实践[M]. 北京：化学工业出版社，2017：101，108.

[8]　蔡信德，仇荣亮. 典型有机污染物土壤联合修复技术及应用[M]. 北京：化学工业出版社，2016：232-238.

5.8　常温解吸技术

常温解吸修复技术的原理是利用土壤中有机污染物易挥发的特点，在密闭车间中通过机械设备对污染土壤进行强制扰动，让吸附于污染土壤颗粒内的挥发性有机污染物解吸和挥发，达到修复污染土壤的目的，并最终通过密闭车间配备的通风管路及尾气处理系统收集去除气态污染物，使废气达标排放。

常温解吸技术简单易行，修复费用低，修复周期短，技术原理与热解吸技术类似，主要是处理温度不同，仅适用于处理易挥发的有机污染物；但该技术存在较大的二次污染风险，适用污染物范围较窄，对待处理土壤的土质及含水率要求较高；当环境温度较低、湿度较大时，处理效率较低，修复时间长；不适用于重金属和挥发性较弱的有机污染物。

1. 技术介绍

1）原理

常温解吸修复技术的原理是利用土壤中有机污染物易挥发的特点，在密闭车间中将土壤堆成条垛状，常温下通过机械设备（如翻抛机、土壤改良机和筛分机等）对污染土壤进行强制扰动，必要时向污染土壤中均匀混入常温解吸用剂，增加土壤的孔隙度，使吸附于污染土壤颗粒内的挥发性有机污染物类如苯、萘、氯代烃等物质解吸和挥发，并最终通过密闭车间配备的通风管路及尾气处理系统得以收集去除。

2）技术应用基础和前期准备

常温解吸技术的适用性以及修复效果在一定程度上受土壤理化性质（含水率、土壤土质等）的影响。含水率较高的土壤，使用该技术宜先采取措施降低含水率；高黏性土的机械扰动需配套使用专门破碎设备，防止污染土壤结块影响修复效果。开展常温解吸过程，需提前了解污染物种类及浓度，预估翻抛速度、修复时间及最终修复效果。

3）系统构成和主要设备

常温解吸技术相对简单，两个关键系统是污染物解吸系统和废气收集处理系统。主要设备包括有效的密闭负压大棚、翻抛机、抽气设备以及废气收集处理装置。

4）关键技术参数或指标

影响常温解吸修复效果的关键技术指标包括污染物的沸点及饱和蒸气压。

（1）当外界压力保持恒定时，沸点低的物质挥发性较大，为常温解吸修复提供了可能。

（2）有机物的饱和蒸气压随温度升高而升高，饱和蒸气压提高有利于有机污染物的挥发。

5）常温解吸技术实施过程

常温解吸技术一般为异位修复，实施过程与异位热解吸相似，主要包括污染土壤挖掘清运、土壤预处理、常温解吸、废气收集处理等过程；若土质较差或常温解吸困难，往往需要在预处理过程添加石灰等调整污染土壤土质，或修复过程添加帮助常温解吸的药剂。常温解吸一般工艺流程如图 5.4 所示。

（1）土壤挖掘与转运。

（2）土壤预处理（土壤破碎、筛分等）。

（3）土壤翻抛。

（4）废气收集处理。

（5）检测、再处理和验收修复土壤。

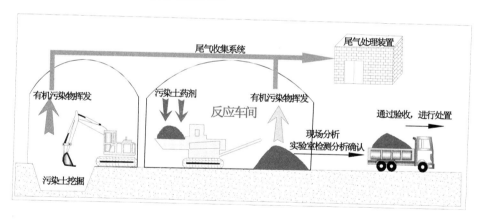

图 5.4　常温解吸技术工艺流程

2.　优点及局限性

常温解吸技术的优点包括技术简单易行，修复费用低，修复周期短。

常温解吸技术的局限性包括修复作业环境差，存在较大的二次污染风险；适用污染物范围较窄，对于沸点较高、饱和蒸气压低的污染物解吸效率较低，不适用于重金属和较难挥发的有机污染物；当土质黏度较高、含水率大于 25%时，施工难度较大；当环境温度较低、湿度较大时，处理效率较低，修复时间长；一般有机污染多为多种有机物复合污染，若存在较难挥发有机物时，常温解吸修复后需结合其他修复手段，处理较难挥发的有机物。

3. 目前应用情况

由于该技术简单易行，修复费用低，修复周期短，近年来，在石油类或易挥发有机污染物污染土壤的修复中使用较多；复合污染场地也有使用该技术处理易挥发有机物，之后再采用其他技术处理其他难挥发有机物或重金属的案例。根据国内其他地区现有案例，工程修复时间为 3~4 个月；主要费用包括修复设备设施建设、土壤开挖、运输、修复处理、二次污染防控等，综合单价为 500~600 元/m³。

4. 污染防治重点

常温解吸技术属于异位修复，涉及土壤开挖和运输，一般操作均需在负压密闭大棚中进行，防止污土散落或扬尘污染周边环境。常温解吸系统宜采用负压密闭大棚，棚内废气经收集有效处理后达标排放，需加强废气排放口及修复区域周边大气环境监测。

5. 案例：某有机物污染场地土壤修复项目

（1）场地背景：该场地位于武汉化工区，主要生产硫化碱和硫化黑染料等产品，产品涉及六大类 16 个品种。

（2）场地污染特征：该场地的主要污染物为有机物（氯苯、二甲苯、苯并[a]蒽等）。

（3）工程规模：总污染土方量为 37.02 万 m³，其中有机污染土壤为 21.3 万 m³。

（4）修复目标：氯苯的修复目标为 41 mg/kg，二甲苯的修复目标为 5 mg/kg，苯并[a]蒽修复目标为 0.63 mg/kg。

（5）技术选择：综合场地基本特征，考虑技术成熟性、处理效果、修复时间、修复成本、修复工程的环境影响等因素，并结合场地责任单位对场地再开发和工期的实际要求，对场地采集部分污染土壤进行实验室小试。经过初步比选，采用常温解吸技术处理污染土壤。

（6）污染土壤修复实施步骤包括污染土壤清挖及预处理、常温解吸修复、处理后土壤堆置、监测及验收。

（7）修复周期：约 22 个月。

（8）费用分析：约 500 元/m³。

（9）修复效果：实际修复有机污染土壤 24.6 万 m³，修复后目标污染物低于修复目标值。

（案例提供单位：武汉都市环保工程技术股份有限公司）

5.9 原位化学氧化技术

原位化学氧化技术采取特定的技术手段将氧化剂注入土壤，或对于场地中浅层的污染物直接加入氧化剂，借助机械进行搅拌，通过氧化剂与污染物的混合反应达到污染物降解或使其形态发生改变[1]。

原位化学氧化技术周期短、见效快、成本低和效果好；对场地的破坏小，不用进行大规模土方开挖，节约大量工程费用；可以同时修复深层污染的土壤，修复深度能达到地表以下数十米；对污染物种类和浓度不敏感，可以有效地处理土壤多种类型的有机污染物；对环境的二次风险较低[2]。

1. 技术介绍

1）原理

原位化学氧化技术是通过向土壤污染区域注入氧化剂，通过氧化作用，使土壤中的污染物转化为无毒或毒性相对较小的物质的一种修复技术。目前，常用的氧化剂包括高锰酸盐、过氧化氢、芬顿试剂、过硫酸盐和臭氧。

2）技术应用基础和前期准备

先需深入了解原位化学氧化技术原理，再通过实验室测试确定相关技术参数（包括药剂投加量及处理效果评估），而后开展中试试验进一步优化调整相关参数（包括但不限于药剂扩散半径、污染去除率、反应产物等），验证药剂配比。

在设计该系统时，应着重考虑注入井、监测井的布设间距和深度及药剂注入量。加强现场工作人员的培训、药剂的操作安全等。

3）系统构成和主要设备

系统构成主要由药剂制备/储存系统、药剂注入井（孔）、药剂注入系统、监测系统等组成[3]。

其中，药剂注入系统包括药剂储存罐、药剂注入泵、药剂混合设备、药剂流量计、压力表等；药剂通过注入井注入污染区，注入井的数量和深度根据污染区的大小和污染程度进行设计；在注入井的周边及污染区的外围还应设计监测井，对污染区污染物、药剂的分布与运移进行修复过程中及修复后的效果监测。

可以通过设置抽水井，促进地下水循环以增强混合，有助于快速处理污染范围较大的区域。

4）关键技术参数或指标

影响原位化学氧化技术修复效果的关键技术参数包括药剂投加量、污染物类型和质量、土壤均一性、土壤渗透性、地下水位、pH 和缓冲容量、地下基础设施等。

（1）药剂投加量：药剂的用量由污染物药剂消耗量、土壤药剂消耗量、还原性金属的药剂消耗量等因素决定。由于原位化学氧化技术可能会在地下产生热量，导致土壤中的污染物挥发到地表，因此需控制药剂注入的速率，避免发生过热现象。

（2）污染物类型和质量：不同药剂适用的污染物类型不同。如果存在非水相液体，由于溶液中的氧化剂只能和溶解相中的污染物反应，因此反应会限制在氧化剂溶液/非水相液体界面处。如果轻质非水相液体层过厚，建议利用其他技术进行清除。

（3）土壤均一性：非均质土壤中易形成快速通道，使注入的药剂难以接触到全部处理区域，因此均质土壤更有利于药剂的均匀分布。

（4）土壤渗透性：高渗透性土壤有利于药剂的均匀分布，更适合使用原位化学氧化技术。由于药剂难以穿透低渗透性土壤，在处理完成后可能会释放污染物，导致污染物浓度反弹，因此可采用长效药剂（如高锰酸盐、过硫酸盐）来减轻这种反弹。

（5）地下水水位：该技术通常需要一定的压力进行药剂注入，若地下水位过低，则系统很难达到所需的压力。但当地面有封盖时，即使地下水位较低也可进行药剂投加。

（6）pH 和缓冲容量：pH 和缓冲容量会影响药剂的活性，药剂在适宜的 pH 条件下才能发挥最佳的化学反应效果。有时需投加酸以改变 pH 条件，但可能会导致土壤中原有的重金属溶出。

（7）地下基础设施：若存在地下基础设施（如电缆、管道等），则需谨慎使用该技术。

5）主要实施过程

（1）化学氧化处理系统建设。

（2）添加修复药剂，并实时监测药剂注入过程中的温度和压力变化。

（3）修复过程监测及参数调整。

（4）验收及长期监测。

2. 优点及局限性

应用原位化学氧化技术，无须对现场土壤进行开挖，节省了工程费用。通过注入氧化药剂进入土壤，有利于去除深层土壤污染。反应过程中，不产生有害产物，反应速度快。

原位化学氧化技术已经在国内开展相关工程，但修复效果不确定性相对较大，可能出现污染"反弹"和局部污染区域修复不彻底的问题；需关注药剂残留问题；对于以黏性土壤为主的污染场地，修复效果较差；药剂使用不当可能会产生安全问题。

3. 目前应用情况

原位化学氧化技术已在我国多地开展了工程案例，选用该技术前，须了解场地及污染物情况，选用合适的氧化剂，才能事半功倍。结合现有案例，实施该技术修复工程预计为 6～8 个月。

选用该技术的主要费用包括设备、氧化药剂、监控及二次污染防治费用。一般来说，国内修复费用为 900～1 200 元/m³。

4. 污染防治重点

（1）修复完成后应对场地及周边区域开展长期监测。

（2）选用环境友好型药剂。

5. 案例：华北某二甲苯污染场地修复治理工程

（1）场地背景：该场地的使用历史依次为农田、某农药厂、某油漆厂、某涂料公司等。2004—2020 年被确定为中心城 33 个公共交通枢纽之一，是中心城东南部的集轨道交通、长途汽车、地面公交、出租汽车及自行车换乘于一体的综合换乘枢纽。

（2）场地污染特征：主要污染物为二甲苯。

（3）工程规模：场地面积为 4.2 万 m²，污染深度为 15 m，污染土方量为 3 750 m³。

（4）修复目标：土壤二甲苯的修复目标为 5 mg/kg。

（5）技术选择：原位化学氧化技术。

（6）原位化学氧化修复实施步骤包括施工准备阶段、实施阶段及竣工阶段。其中实施阶段包括场地补充调查、地下管线探测、注入点位布设、注射井建立、注射系统搭建、系统试运行、药剂配置和原位注入、修复后验收等。

（7）修复周期：120 天。

（8）费用分析：修复费用主要由场地建设费、设备费、材料费、人工费、项目管理费以及部分措施费用组成，综合单价约 900 元/m³。

（9）修复效果：实际修复污染土壤 3 750 m³。修复后，二甲苯浓度低于修复目标值，已通过管理部门验收。

（案例提供单位：北京建工环境修复股份有限公司）

参考文献

[1] 苗竹，魏丽，吕正勇，等. 原位化学氧化技术在有机污染场地的应用[C]. 中国环境科学学会学术年会论文集，2015：4288-4296.

[2] 周启星，宋玉芳. 污染土壤修复原理与方法[M]. 北京：科学出版社，2004.

[3] 黄沅清. 重金属污染场地物理化学修复技术研究与工程应用进展[J]. 广州化学，2017，42（6）：54-61.

5.10　原位热解吸技术

原位热解吸技术主要适用于石油烃、挥发性及半挥发性有机物、多氯联苯、呋喃、杀虫剂等污染物。无须进行开挖，对场地扰动小，二次污染风险相对较小。

1. 技术介绍

1）原理

原位热解吸技术通过热交换将污染介质及其所含的有机污染物加热到足够的温度，以使有机污染物从污染介质上得以挥发或分离的过程[1]。热解吸过程是物理分离过程，可以有选择地使有机物挥发，而并不破坏有机物。常用的加热方式有蒸汽注入、射频加热、电阻加热、热导加热、电磁波加热等，也可以根据现场情况，考虑其他潜在的加热方式，原位热解吸技术常与土壤气相抽提（SVE）联用，有机污染物从土壤颗粒上分离后，进入气相中，利用 SVE 系统抽提后进行处理。

2）技术应用基础和前期准备

该技术的修复效果受场地土壤物理性质及污染特征的影响较大。因此，在确定使用原位热解吸技术前，应调查场地地下水赋存条件、土壤质地、含水率、渗透性、均一性、热容量、污染物种类及污染程度等。如污染场地地下水含量丰富，施工前需充分考虑该特点，确保止水措施效果，合理估算修复工期与费用，进行相应的可行性测试，综合评估是否适用该技术。

3）系统构成和主要设备

原位热解吸系统主要包括动力系统、加热系统（热毯、热井或电极阵等设备）、控制系统、引导-拖拽系统、废气及废水处理系统等组成。场地原位热解吸系统概念如图5.5所示。

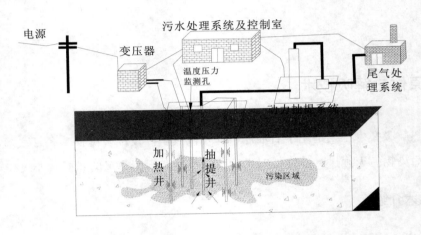

图 5.5　场地原位热解吸系统概念[2]

4）关键技术参数或指标

影响原位热解吸系统处理效率的因素主要包括污染物特性、场地土壤质地、含水率及地下水埋深、系统运行参数，具体如下：

（1）污染物种类、浓度等。

（2）土壤机械组成、土质类型、含水率、渗透性等。

（3）热源情况、工程面积、升温梯度及时间等。

5）原位热解吸技术实施过程

（1）止水帷幕建设：止水帷幕建设完成后渗透系数应小于 10^{-7} cm/s。

（2）系统设计：根据场地污染特征、土壤质地和水文地质条件、热源情况等进行系统设计。

（3）修复处理：加热污染土壤，使目标污染物从污染土壤转移至废水、废气中，通过对废水、废气进行处理实现消除污染的效果。

2. 优点及局限性

原位热解吸技术不用开挖，对场地扰动小，适合解决较难开展异位修复的污染区域，如深层土壤、居住建筑物地下等；可同时处理多种污染物。

该技术应用局限性主要是修复周期长、成本较高、工艺复杂、运行维护要求较高；不适用于腐蚀性有机物、高活性氧化剂和还原剂含量较高的土壤；一般不适用于含有汞、砷、铅等的复合污染土壤；黏土含量高或含水率较大的土壤会在处理过程中结块而影响处理效果，增加处理费用；修复效果不确定性相对较大，可能出现局部污染区域修复不彻底的问题；局部温度过高压力增大会造成热蒸汽向低温区域迁移，并有可能导致地下水污染。

3. 目前应用情况

原位热解吸技术在国内外已有不少工程实践，已应用于氯代溶剂类、燃油类、苯系物类、无机汞以及持久性有机污染物等污染地块[3-7]。

根据国内其他地区现有案例，工程修复时间为 10～15 个月；主要费用组成：设备材料费、能源动力费、过程监控及二次污染防治费用等，综合单价为 1 200～2 000 元/m³。

4. 污染防治重点

原位热解吸可能产生的二次污染的环节主要在加热解吸过程，首先在污染物转变为气相后要保证收集系统的完整性，防止气体逸散造成二次污染；抽提出的废气冷凝产生的废水需要设置单独废水收集处理系统，防止管道滴漏造成场地再次污染；原位热解吸目前验收系统还不明确，要在修复完成后进行一段时间后续监测，防止发生污染反弹。

为防止二次污染，操作过程需注意以下几点：

（1）需要确保地面阻隔系统的阻隔效果，防止热蒸汽无组织逸出。

（2）对抽提与处理过程中产生的废水、废气应做好二次污染防控，确保达标排放。

（3）要实时监测，保证系统运行温度均匀。

（4）需对修复完成后的场地进行长期监测。

5. 案例：某地 PCB 污染土壤原位处理[8]

某地采用原位热"井"处理系统在 480～535℃条件下处理 PCBs 污染土壤，其中 PCBs 的浓度达到 19 900 mg/kg，处理结果为 PCBs 浓度小于 2 mg/kg，去除率大于 99%。

参考文献

[1]　张乃明，包立. 重金属污染土壤修复理论与实践[M]. 北京：化学工业出版社，2017：101，108.

[2]　刘凯，张瑞环. 污染地块修复热脱附技术的研究及应用进展[J]. 中国氯碱，2017，12（12）：31-37.

[3]　Office of Solid Waste and Emergency Response，Office of Superfund Remediation and Technology Innovation. In situ thermal treatment of chlorinated　solvents：fundamentals and field applications[R]. Washington：U. S. Environmental Protection Agency，2004.

[4]　张学良，李群. 某退役溶剂厂有机物污染场地燃气热脱附原位修复效果试验[J]. 环境科学学报，2018，38（7）：2868-2875.

[5]　Huon G，Simpson T，Holzer F，et al. In situ radio-frequency heating for soil remediation at a former service station：case study and general aspects[J]. Chemical Engineering & Technology，2012，35（8）：1534-1544.

[6]　Kunkel A M，Seibert J J，Elliott L J，et al. Remediation of elemental mercury using in situ thermal desorption（ISTD）[J]. Environmental Science & Technology，2006，40（7）：2384-2389.

[7]　Tse K K C，LO S L，Wang J W H. Pilot study of in-situ thermal treatment for the remediation of

pentachlorophenol-contaminated aquifers[J]. Environmental Science & Technology，2001，35（24）：4910-4915.

[8]　周启星，宋玉芳. 污染土壤修复原理与方法[M]. 北京：科学出版社，2004：371-400.

5.11　生物堆技术

生物堆技术通过集中堆制污染土壤，并提供适量氧气、水分和养分等多种强化措施，在堆体中为微生物创造合适的生存环境，从而提升污染物去除效率的一种修复技术[1]。

1. 技术介绍

1）原理

对污染土壤堆体采取人工强化措施，促进土壤中具备目标污染物降解能力的土著微生物或外源微生物的生长，降解土壤中的污染物。常见生物堆装置如图 5.6 所示[2]。

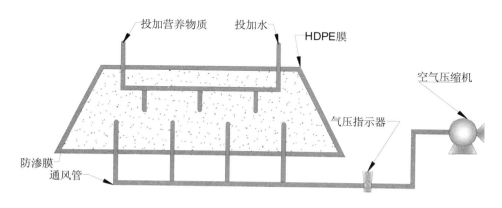

图 5.6　生物堆装置示意

2）技术应用基础和前期准备

应用此技术必须考虑土壤理化性质、污染特征等因素的影响，该技术的适用性、修复效果在一定程度上受其影响。故在开展此技术进行修复前，应进行可行性测试，通过获取的相关修复工程设计参数以验证技术适用性和修复效果。测试参数包括土壤中污染物初始浓度、污染物生物降解系数（或呼吸速率）、土著微生物数量、土壤含水率、营养物质含量、渗透系数、重金属含量等。

3）系统构成和主要设备

生物堆主要由土壤堆体系统、抽气系统、营养水分调配系统、渗滤液收集处理系统以及在线监测系统组成。其中，土壤堆体系统具体包括污染土壤堆、堆体基础防渗系统、渗滤液收集系统、堆体底部抽气管网系统、堆内土壤气监测系统、营养水分添加管网、顶部进气系统、防雨覆盖系统。抽气系统包括抽气风机及其进气口管路上游的气水分离和过滤系统、风机变频调节系统、尾气处理系统、电控系统、故障报警系统。营养水分调配系统主要包括固体营养盐溶解搅拌系统、流量控制系统、营养水分投加泵及设置在堆体顶部的营养水分添加管网。渗滤液收集系统包括收集管网及处理装置。在线监测系统主要包括土壤含水率、温度、二氧化碳和氧气在线监测系统。

主要设备包括抽气风机、控制系统、活性炭吸附罐、营养水分添加泵、土壤气监测探头、氧气、二氧化碳、水分、温度在线监测仪器等。

4）关键技术参数或指标

影响生物堆技术修复效果的关键技术参数包括污染物的生物可降解性、污染物的初始浓度、土壤通气性、土壤营养物质含量、土著微生物含量、土壤含水率、土壤温度和pH、运行过程中堆体内氧气含量以及土壤中重金属含量。

（1）污染物的生物可降解性：对易于生物降解的有机物（如石油烃、低分子烷烃等），生物堆技术的降解效果较好；对持久性有机污染物、高环的多环芳烃等难以生物降解的有机污染物污染土壤的处理效果有限。

（2）污染物初始浓度：土壤中污染物的初始浓度过高时影响微生物生长和处理效果，需要采用清洁土或低浓度污染土壤对其进行稀释。如土壤中石油烃浓度高于

50 000 mg/kg 时，应对其进行稀释。

（3）土壤通气性：污染土壤本征渗透系数应不低于 10^{-8} cm^2，否则应采用添加木屑、树叶等膨松剂增大土壤的渗透系数。

（4）土壤营养物质比例：土壤中碳∶氮∶磷的比例宜维持在 100∶10∶1，以满足好氧微生物的生长繁殖以及污染物的降解。

（5）微生物含量：一般认为土壤微生物的数量应不低于 10^5 数量级。

（6）土壤含水率：宜控制在 90% 的土壤田间持水量。

（7）土壤温度和 pH：温度宜控制在 30～40℃，pH 宜控制在 6.0～7.8。

（8）堆体内氧气含量：运行过程中保证堆体内氧气均匀分布且含量不低于 7%。

（9）土壤中重金属含量：应不超过 2 500 mg/L。

5）主要实施过程

（1）对挖掘后的污染土壤进行适当预处理（如调整土壤中碳、氮、磷、钾的配比，土壤含水率、土壤孔隙度、土壤颗粒均匀性等）。

（2）在堆场依次铺设防渗材料、砾石导气层、抽气管网（与抽气动力机械连接），形成生物堆堆体基础。将预处理后的土壤堆置其上形成堆体。在堆体顶部铺设水分、营养调配管网（与堆外的调配系统连接）以及进气口，采用防雨膜进行覆盖。

（3）开启抽气系统使新鲜空气通过顶部进气口进入堆内，并维持堆内土壤中氧气含量在一定浓度水平。定期监测土壤中氧气、营养、水分含量并根据监测结果进行适当调节，确保微生物处于最佳的生长环境，促进微生物对污染物的降解。定期采集堆内土壤样品，了解污染物的去除速率。

2. 优点及局限性

（1）优点：无二次污染，处理费用较低[3]，不破坏污染土壤的生态功能，污染土壤可二次利用。

（2）局限性：处理周期长，对存在重金属污染的复合污染土壤处理效果不佳；黏土类、高浓度污染土壤修复效果较差。

3. 目前应用情况

（1）修复周期。根据国内相关研究，工程修复时间为 6～15 个月。

（2）参考费用。根据国内相关研究，综合单价为 400～600 元/m³。

（3）应用情况。生物堆技术修复成本相对低廉，相关配套设施已能够成套化生产制造，在国外已广泛应用于石油烃等易生物降解污染土壤的修复，技术成熟；在国内相关核心设备已能够完全国产化。

4. 污染防治重点

（1）根据现场情况采取覆膜开挖或其他措施，防止发生有机污染物挥发产生二次污染。

（2）对修复区域采取防渗措施，并设置渗滤液和废气收集处理系统。

（3）做好污染物排放口及周边大气环境监测。

参考文献

[1] 王翔，王世杰，张玉，等. 生物堆修复石油污染土壤的研究进展[J]. 环境科学与技术，2012，35（6）：94-99.

[2] Von Fahnestock F M，Wickramanayake Godage B，Kratzke R J，et al. Biopile Design，Operation and Maintenance Handbook for Treating Hydrocarbon-contaminated soils[M].Columbus：Battelle Press，1998.

5.12 生物通风技术

生物通风又称土壤曝气，是基于改变生物降解环境条件（如通气状况等）而设计的，是一种强迫氧化的生物降解技术。原理是在污染土壤中至少打 2 口井，安装鼓风机和抽空机，将空气强制注入土壤中，然后抽出土壤中的挥发性有机毒物。在通入空气时，可以加入一定量的氧气和营养液，改善土壤中降解菌的营养条件，提高土著微生物的降解活性，从而达到污染物降解的目的[1]。

1. 技术介绍

1）原理

通过向土壤供给空气，并依靠土壤微生物的好氧活动，降解土壤污染物，同时利用土壤中的压力梯度促使挥发性有机物、降解产物流向抽气井，被抽提去除。可通过注入热空气、营养液、外源高效降解菌剂的方法对污染物去除效果进行强化。

2）技术应用基础和前期准备

在利用生物通风技术进行修复前，应进行相应的可行性测试，目的在于评估生物通风技术是否适合于场地的修复并为修复工程设计提供基础参数，测试参数包括：土壤温度、湿度和 pH、营养物质含量、土壤氧含量、渗透系数、污染物浓度、污染物理化性质、污染物生物降解系数（或呼吸速率）、土著微生物数量等，可开展相应的小试或中试实验。

3）系统构成和主要设备

系统构成主要由注射井、抽提井、营养液储存和调配系统、尾气处理装置及相应辅助设备及配套控制系统等组成。

主要设备包括鼓风机、真空泵、抽提井、注入井。

4）关键技术参数或指标

（1）土壤理化性质。

①气体渗透率：一般应该大于 0.1 达西。

②含水率：一般认为含水率达到 15%～20%时效果最佳[2]。

③温度：适宜的温度有利于生物修复进行，一般多在 20～40℃下进行。

④pH：适宜的 pH 有利于生物降解，pH 范围在 5～9 为大多数微生物生存所需。

⑤营养物的含量：一般认为，利用微生物进行修复时，土壤中碳：氮：磷的比例应维持在 100：5～10：1，以满足好氧微生物的生长繁殖以及污染物的降解，并为缓慢释放形式时，效果最佳。一般添加的氮源为 NH_4^+，磷源为 PO_4^{3-}。

⑥土壤氧气：氧气是微生物活动过程必备，有利于生物降解活动进行，亦可使用 H_2O_2 或纯氧来作为氧源。

（2）污染物特性因素。

①污染物的可生物降解性：治理难易程度取决于污染物的可生物降解性。

②污染物的浓度：适中的污染物浓度水平。污染物的浓度过高、过低都不利于微生物降解，影响处理效果。

③污染物的挥发性：通常挥发性强的污染物易通过通风处理而从土壤中脱离。

（3）土壤微生物因素。

一般认为采用生物降解技术对土壤进行修复时，土壤中土著微生物的数量应不低于 10^5 数量级；但是土著微生物存在着生长速度慢，代谢活性低的弱点。当土壤污染物不适合土著微生物降解，或是土壤环境条件不适于土著微生物大量生长时，需考虑接种高效菌。

5）主要实施过程

在需要修复的污染土壤中设置注射井及抽提井，安装鼓风机/真空泵，将空气从注射井注入土壤中，从抽提井抽出。大部分低沸点、易挥发的有机物直接随空气一起抽出，而高沸点、不易挥发的有机物在微生物的作用下，可以被分解为 CO_2 和 H_2O。在抽提过程中注入的空气及营养物质有助于提高微生物活性，降解不易挥发的有机污染物（如原油中沸点高、分子量大的组分）。定期采集土壤样品对目标污染物的浓度进行分析，掌握污染物的去除速率。

2. 优点及局限性

生物通风技术原位对土壤进行修复，不需要对污染地块进行开挖、支护等，从而可以降低工程施工费用。同时，原位修复可以不对土壤进行扰动，不会对其结构产生影响。

由于需向土壤中注入空气（氧气），故而土壤本身的渗透系数较小的场地不适用此类修复技术，处理周期较长。

3. 目前应用情况

生物通风技术应用范围较广泛，而且相对费较低。该技术不仅对轻质组分（汽油等），而且对于重质组分都有效。目前，国内对该技术应用案例极少，仍处于研究阶段，缺乏实际应用案例。结合国外对此项技术开展案例，使用生物通风技术工程修复时间为 $6\sim24$ 个月，处理成本为 $100\sim200$ 元/m^3。

4. 污染防治重点

处理挥发性有机污染时，需做好二次污染防治措施。

参考文献

[1] 藤应，骆永明，李振高. 污染土壤的微生物修复原理与技术进展[J]. 土壤，2007, 39（4）：497-502.

[2] 陈玉成. 土壤污染的生物修复[J]. 环境科学动态，1999（2）：7-11.

第 **6** 章
工业场地土壤污染地块其他修复技术

6.1 土壤微生物修复技术

土壤微生物修复技术是一种利用土著微生物或人工驯化的具有特定功能的微生物，在适宜环境条件下，通过自身的代谢作用，降低土壤中有害污染物活性或降解成无害物质的修复技术。运用该技术可处理挥发性有机物，重金属污染的土壤，不适用于低渗透性土壤。

1. 技术介绍

1）原理

利用微生物（土著菌、外来菌和基因工程菌）对污染物的代谢作用而转化、降解污染物，将土壤中的危险污染物降解、吸收或富集。

2）技术应用基础和前期准备

在利用微生物技术进行修复前，应进行可行性测试，对其适用性和效果进行评估并获取相关修复工程设计参数，测试参数包括土壤中污染物初始浓度、污染物生物降解系数、土壤含水率、渗透系数等。

3）系统构成和主要设备

主要设备包括抽气风机，控制系统，活性炭吸附罐，营养水分添加泵，土壤气监测探头，氧气、二氧化碳、水分、温度在线监测仪器等。

4）关键技术参数或指标

影响微生物修复技术修复效果的关键技术参数包括污染物的生物可降解性、污染物的初始浓度、土壤通气性、土壤营养物质比例、微生物含量、土壤含水率、土壤温度和 pH。

（1）污染物的生物可降解性：对于易于生物降解的有机物（如石油烃、低分子烷烃等），生物堆技术的降解效果较好；对于 POPs（持久性有机污染物）、高环的 PAH（多环芳烃）等难以生物降解的有机污染物，土壤的处理效果有限。

（2）污染物的初始浓度：土壤中污染物的初始浓度过高时影响微生物生长和处理效果，需要采用清洁土或低浓度污染土对其进行稀释。

（3）土壤通气性：污染土壤本征渗透系数应不低于 $10^{-8}\,\mathrm{cm^2/s}$，否则应采用添加木屑、树叶等膨松剂增大土壤的渗透系数。

（4）土壤营养物质比例：土壤中 C∶N∶P 的比例宜维持在 100∶10∶1，以满足好氧微生物的生长繁殖以及污染物的降解。

（5）微生物含量：一般认为土壤微生物的数量应不低于 10^5 数量级。

（6）土壤含水率：宜控制在 90% 的土壤田间持水量。

（7）土壤温度和 pH：温度宜控制在 30～40℃，pH 宜控制在 6.0～7.8。

5）主要实施过程

（1）土壤预处理（水分调节、土壤破碎、土壤筛分等）。

（2）开启抽气系统。

（3）定期监测土壤中氧气、营养、水分含量并根据监测结果进行适当调整。

2. 优点及局限性

（1）优点：对能量的消耗较低，可以修复面积较大的污染场地；不破坏植物生长所需的土壤环境，污染物降解较为完全，具有操作简便、费用低、效果好、易于就地处理等特点。

（2）局限性：修复效率受污染物性质、土壤微生物生态结构、土壤性质等多种因素的影响，且对土壤中的营养等条件要求较高。

3. 目前应用情况

土壤微生物修复技术目前在国内实际应用案例极少，一般选择该技术与其他修复技术联合使用。参考国外的实践案例，应用该技术一般修复时间为 3～8 年，综合单价为 100～400 元/t。

4. 污染防治重点

微生物修复不破坏植物生长所需的土壤环境，不会造成二次污染或导致污染物转移，遗留问题少。

6.2　土壤气相抽提技术

土壤气相抽提技术（soil vapor extraction，SVE），又称土壤真空抽取或土壤通风技术，是一种可以有效去除土壤不饱和区挥发性和半挥发性有机物的修复技术[1]。通过抽真空设备使提取井内产生负压，强迫土壤气向抽提井移动，气流经过时，挥发性及半挥发性有机物随空气进入抽提井[2]，继而到地上得以处理。

土壤气相抽提技术主要应用于苯系物和汽油类污染，具有低成本、高效率的特点。

1. 技术介绍

1）原理

基于多孔介质空隙气体与大气的交换，以空气注射或抽提人为驱动力，加速孔隙气体与大气交换速率[3]，利用土壤固相、液相和气相之间的浓度梯度，在气压降低的情况下，将污染物转化为气态的污染物排出土壤外的过程[4]。在污染土壤设置气相抽提井，采用真空泵从污染土层抽取气体，使污染土层产生气流流动，把有机污染物通过抽提井排出进入尾气处理系统进行处理。为了防止抽气时空气从临近地表进入，造成短路，可以在地面铺设塑料布、柏油路面或其他防渗材料设置防渗层，这种方法也可以防止水分渗入地下。

2）技术应用基础和前期准备

在技术应用前，需开展可行性测试，以对其适用性和效果进行评价和提供设计参数。该技术是利用气体流动对挥发性有机物进行去除，因此，土壤渗透性对技术应用有较大影响；其他影响参数包括蒸气压和环境温度、土壤容重、孔隙度、土壤湿度、土壤质地、有机质含量、空气传导率以及地下水深度等。

3）系统构成和主要设备

典型 SVE 系统包括抽真空系统、抽提井、管路系统、除湿设备、尾气处理系统、测量系统以及控制系统等[3]，为了增加压力梯度和空气流速，很多情况下在污染土壤中也安装若干空气注射井[4]。

典型 SVE 系统主要设备有真空泵、除湿设备、尾气处理设备、相关测量监测设备。

4）关键技术参数或指标

土壤的理化性质对其应用效果有着较大影响，主要影响因子有土壤容重、孔隙度、土壤湿度、温度、土壤质地、有机质含量、空气传导率以及地下水深度等。经验表明，该技术应用修复土壤具有质地均一、渗透能力强、孔隙度大、湿度小、地下水位较深的特点。

修复过程主要需考虑的技术参数为：抽出的 VOC 浓度、空气流率、通风井的影响半径、所需井的数量和真空鼓风机的大小等。

5）土壤气相抽提技术实施过程

抽提系统开始运行后，需在线观测空气流量，调节真空度及抽提管位置，以确保抽提系统稳定运行。气相抽提技术的实施过程主要包括抽提系统建设和抽提系统运行，如图 6.1 所示，通过迫使污染区域空气流动，使挥发性有机物随空气进入抽提井，通过气液分离器，再分别进入废水和废气处理系统去除污染物。

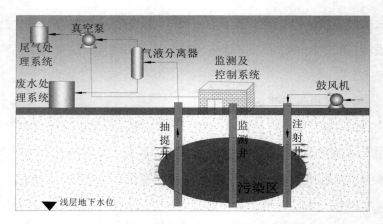

图 6.1　原位土壤气相抽提技术实施过程[5]

2. 优点及局限性

气相抽提技术设备简单，易于安装操作；原位操作对现场环境破坏小；原位及异位皆可操作，易与其他修复技术联用[6]。该技术操作过程不需要进行大量的开挖等工程作业，抽提系统建立后，通过控制空气流速可以很好地去除污染物，且常与生物通风、原位热解吸等修复技术联用。

气相抽提技术主要限制条件是只能对非饱和区域土壤进行处理，对容重大、土壤含水量大、孔隙率低、渗透速度小的土壤不适合使用此技术；对柴油处理效果一般，燃料油及其他重油不适用。该技术使污染物浓度降低 90% 以上较为困难，且随着污染物浓度降低，污染物去除效率逐渐下降。

3. 目前应用情况

欧美等国家和地区已有许多实践经验，在场地修复应用中，SVE 系统涉及的污染土壤深度范围为 1.5～90 m，主要应用于处理 VOCs、燃料油的土壤污染。

根据国内现有案例，工程修复时间为 4～6 个月，综合单价为 700～1 000 元/m³。

4. 污染防治重点

气相抽提主要可能产生污染的是气体泄漏，因此在系统运行过程中需主要关注以下几点：

（1）整个抽提管路应保持良好的密闭性，包括井口、管路、接口等。

（2）需要对抽出的污染气体进行后续处理，避免污染气体泄漏。

（3）对尾气排放口的挥发性有机物应进行监测，如浓度明显增大应停止抽提，更换活性炭罐中的活性炭。

5. 案例：国外某多氯联苯污染场地 SVE 修复[7]

案例来自美国加利福尼亚州的中央谷，场址被 TCE（三氯乙烯）和 PCB［多氯化联（二）苯］污染。现场采用两个抽提井同时在稳定气相流量（即施加相同的真空度）条件下运行，中间有几次停止抽提的阶段。仅对联合气流进行取样测试，单台井并未进行采样，在一年半的时间内，场址气相中的 TCE（三氯乙烯）浓度如图 6.2 所示。系统在启动后曾发生一系列的短暂停车，抽提一个月后又一次长期停车，在操作开始后的第九个月重新启动。本例测试了 69 个气相样品，这些测试的气相样品全部都是在气相流量为 11.32 m^3/min，或者在停止抽提条件下获得。土壤性质列在表 6.1 中，其中 K_d（土水分配系数）被设置为 1，因为土样中未检测到有机质的存在。

表 6.1　场址土壤性质

土壤性质	单位	移动的区域	不移动的区域
初始气体浓度	mg/m^3	545	545
孔隙率	ND	0.487	0.487
含水饱和度	ND	0.25	0.40
颗粒密度	kg/m^3	2.66	2.66
特性厚度	m	—	0.4
特性体积	m^3	288 100	864 200

土壤性质	单位	移动的区域	不移动的区域
K_d	L/kg	1	1
降解率	1/a	0	0
TCE（三氯乙烯）特性	—	—	—
亨利常数	ND	0.38	—
辛醇-水分配系数	ND	200	—
在空气中的扩散系数	m²/d	0.68	—

注：ND=无量纲。

场址的包气带深度为 24.4 m，特征半径为 123 m。初始气相 TCE 浓度为 545 mg/m³。根据初始气相浓度，估算的 TCE 初始总质量约为 487 kg。根据测试数据模拟的连续污染物浓度和累积去除量随时间变化趋势如图 6.2 所示。从图中可以看出，修复 1 000 天之后，约有 700 kg 的 TCE 污染物被去除，土壤中残留的污染物浓度低于 0.5 mg/kg，实际修复数据如图 6.3 所示。

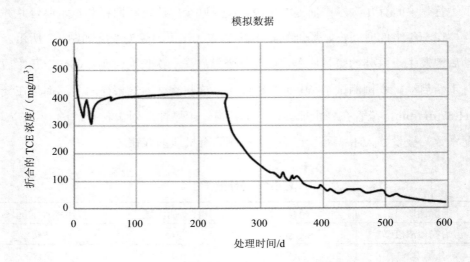

图 6.2　TCE 浓度测量数据与时间拟合曲线

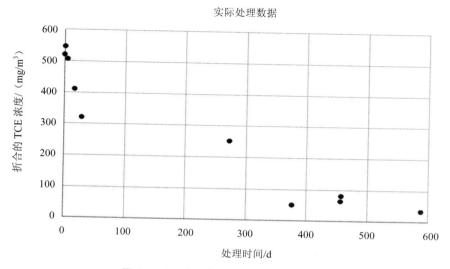

图 6.3　实际测量 TCE 浓度随时间变化

参考文献

[1]　崔龙哲，李社锋. 污染土壤修复技术与应用[M]. 北京：化学工业出版社，2017：163-220.

[2]　杨乐魏，黄国强. 土壤气相抽提（SVE）技术研究进展[J]. 环境保护科学，2006，32（6）：62-65.

[3]　贾建丽，于妍. 污染场地修复风险评价与控制[M]. 北京：化学工业出版社，2015：66-67，72.

[4]　张乃明，包立. 重金属污染土壤修复理论与实践[M]. 北京：化学工业出版社，2017：101，108.

[5]　Julia E. Vidonish，Kyriacos Zygourakis. Thermal Treatment of Hydrocarbon- Impacted Soils：A Review of Technology Innovation for Sustainable Remediation.

[6]　康绍果，李书鹏. 污染地块原位加热处理技术研究现状与发展趋势[J]. 化工进展，2017，36（7）：2621-2631.

[7]　Washington ACoE：Engineering and Design-Soil Vapor Extraction and Bioventing. Military Bookshop，vol. DC20314-1000，EM1110-1-4001；2002.

6.3　焚烧法

焚烧法又叫燃烧法或者焚化法，是通过添加辅助燃料或催化剂，高温下将高分子量的有害物质，挥发性和半挥发性有机物分解成低分子烟气；或与气相抽提或原位热脱附等技术联用，用于处理抽出的污染气体，经过气体收集系统，除尘、冷却和净化处理使烟气达到排放标准。

焚烧法主要适用于爆炸性物质、危险废物、挥发及半挥发性有机污染物（如石油烃、农药、多环芳烃、多氯联苯）、农药、二噁英、氯化烃等污染物，并适合多种有机污染物现场，此技术是常用的处理有机尾气的方法之一。

1. 技术介绍

1）原理

焚烧法是通过添加辅助燃料或催化剂，在高温下将高分子量的有害物质分解成低分子烟气，经过气体收集系统，除尘、冷却和净化处理使烟气达到排放标准。按照氧化器种类，分为加力燃烧式氧化器（DFTO）、无焰氧化器和蓄热式氧化器；按照处理方式分为燃烧法、催化焚化法、内燃机燃烧法。

焚烧法可以处理浓度高、变化大的有机尾气，对污染物的去除率可以达到99%以上。

2）技术应用基础和前期准备

修复前应进行相应的可行性试验，目的在于评估该技术是否适合于特定场地的修复以及为修复工程设计提供基础参数。需要识别土壤污染物的类型及其浓度，了解土壤质地和含水率等参数，同时还需要确定土壤融合温度和土壤热值，估算系统的粉尘负荷。

3）系统构成和主要设备

焚烧系统一般由进料系统、燃烧系统和尾气处理系统组成。进料系统设备包括筛分机、破碎机、振动筛、链板输送机、传送带等；燃烧系统设备包括循环流化床、循环床燃烧室或焚化炉；尾气处理系统设备包括文丘里洗涤器和湿式静电除尘器/旋风除尘器、填料床洗涤器、布袋除尘器、淋洗塔、喷雾干燥塔、超滤设备等。

4）关键技术参数或指标

主要包括土壤特性和污染物特性。土壤特性涉及土壤质地、水分含量、土壤有机物含量；污染物特性包括污染物浓度、热值等。

5）焚烧技术实施过程

焚烧技术（异位）实施过程如图 6.4 所示[1]。

（1）污染土壤挖掘及预处理。

（2）给料，输送至焚烧系统。

（3）高温焚烧，去除土壤中的污染物。

（4）土壤降温除尘、堆置待检。

（5）检测、验收及再处置。

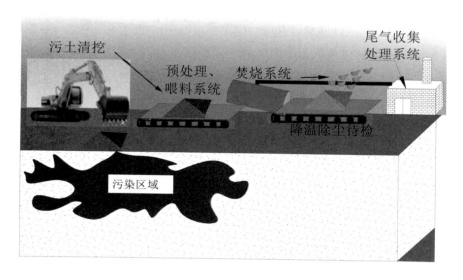

图 6.4　异位焚烧法过程示意

2. 优点及局限性

焚烧法用于处理有机污染物具有独特的优势，可以用于处理多种有机物污染，直接破坏污染物，处理效率高；对于处理挥发性和半挥发性有机物有特别的优势，正确的操作对有机物的去除率可以达到 99.99%。

焚烧法由于处理温度较高，所以在热处理工艺中价格相对较高，所以大方量污染场地不宜使用焚烧法进行处理；用于含水量高、热值低的土壤需要消耗更多能量，经济性不高，亦不适用于含有汞、砷、铅等重金属污染土壤的修复；且焚烧会破坏土壤的结构，焚烧处理后土壤多用于回填或者建筑基础[2-4]。不完全燃烧的副产物 PAHs、PCBs、多氯二苯并二氧芑/呋喃具有毒性，若采用阴燃等方式燃烧，需尽可能小心防止其产生[5]。

3. 目前应用情况

国外，垃圾焚烧始于 20 世纪 80 年代，主要用于处理有机物污染土壤及高能材料的处理处置。焚烧技术是一种成熟的方法，污染物在高温条件被彻底破坏，目前国内已有多起应用案例。根据向相关从业单位了解，工程修复时间为 4~6 个月，综合单价为 1 000~1 500 元/m³。

4. 污染防治重点

焚烧处理尾气收集系统要经常维护，防止焚烧飞尘进入周围环境，对周围环境产生污染；焚烧产生炉渣要妥善处置，防止产生二次污染。

参考文献

[1] Julia E. Vidonish，Kyriacos Zygourakis. Thermal Treatment of Hydrocarbon- Impacted Soils: A Review of Technology Innovation for Sustainable Remediation.

[2] Vidonish J E，Zygourakis K，Masiello CA，et al. Pyro-lytic treatment and fertility enhancement of soils

contaminated with heavy hydrocarbons [J]. Environ Sci Technol，2016；50（5）：2498-506.

[3]　Exner JH. Alternatives to incineration in remediation of soil and sediments assessed [J]. Rem J，1995，5（3）：1-18.

[4]　Youdeowei PO. The effect of crude oil pollution and subsequent fire on the engineering properties of soils in the Niger Delta[J]. B Eng Geol Environ，2008，67（1）：119-21.

[5]　蔡荣欣，编译. 土壤的热修复[J]. 上海化工，2018，43（8）：41-44.

6.4　电动力学修复技术

电动力学修复技术原理是在土壤/液相系统中插入电极，在两端加上直流电流形成电场，污染物根据带电荷不同，在电动力学效应下向不同电极方向运动，使污染物在电极区富集进而集中处理或分离[1]。

电动力学修复技术适用于大部分无机污染物，也可用于对放射性物质及吸附性较强的有机污染物的治理，主要用于低渗透性土壤。高效处理重金属污染（包括铬、汞、镉、铅、锌、锰、铜、镍等）及有机物污染（苯酚、六氯苯、三氯乙烯以及一些石油类污染物），去除率可达 90%[2]。去除水溶性污染物方面的应用效果较好，非极性有机物由于缺乏荷电，去除效果不好；因为黏土表面通常荷负电，所以一般情况下处理效果很好。场地是否埋藏金属或绝缘物质对修复效果也会有较大影响。

1. 技术介绍

1）原理

电动力学修复技术的原理是电极插入受污染的土壤中，在电极上施加微弱直流电流，两电极之间形成直流电场，电场条件下土壤孔隙中的水溶液产生电渗流，同时带电离子发生电迁移，带电胶体颗粒发生电泳，在多种电动力学效应下污染物离开处理区在电极区富集，富集的污染物一般通过电沉积或者离子交换萃取被去除，也可进行泵出处理，从而达到修复处理区的目的。修复机理如图 6.5 所示[3]。

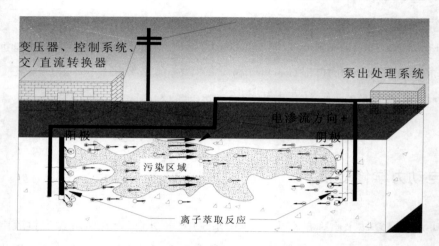

图 6.5 电动力学修复技术机理示意

电动力学修复过程中，电极区的反应[4, 5]阳极见式 6.1a 和阴极见式 6.1b。

$$2H_2O - 4e^- \Rightarrow O_2 \uparrow + 4H^+ \quad E_0 = -1.229 \tag{6.1a}$$

$$2H_2O + 2e^- \Rightarrow H_2 \uparrow + 2OH^- \quad E_0 = -0.828 \tag{6.1b}$$

式中，E_0 是电化学电势，随着修复的进行，阳极和阴极分别产生大量的 H^+ 和 OH^-，使电极附近的 pH 分别上升和下降；同时，产生的 H^+ 和 OH^- 也会受电场影响向另一端电极移动，形成酸性带和碱性带。土壤中的重金属污染物、离子在电厂的作用下，分别向阴极与阳极迁移，金属离子和 H^+ 在阴极发生还原反应生成金属单质和 H_2（气体），OH^- 在阳极发生氧化反应，生成 O_2（气体）。

酸性带和碱性带的移动会造成土壤 pH 的变化，会对修复过程产生影响。例如，酸性带中，重金属溶解性增加，有利于重金属离子的迁移；但是酸性的增强会降低土壤胶体颗粒的 zeta 电势，甚至引起 zeta 电势符号改变，导致修复过程无法进行，修复效果变差。土壤性质及污染物性质和浓度均会对修复过程产生影响，因此修复过程需要合理调控电动力学条件。

2）技术应用基础和前期准备

电动力学修复过程中，影响修复区域电场分布、污染物迁移的情况都会对修复效果产生影响，如污染物种类、浓度及物理化学特性，土壤 pH、土壤 zeta 电位、土壤温度、土壤理化性质、土壤含水率等[6]；因此，该技术应用时应注意以下几点：

（1）随着电动修复过程的进行，土壤体系 pH 变化不能得到控制会严重影响处理效率，因此需要采用施加缓冲液、阴阳极极液混合中和或定期改变电极极性的方法及时调节体系 pH[7, 8]。

（2）电极材料、电极形状及电极的排列方式会对电场方向以及放电速率产生一定的影响[9]；电极需采用惰性物质如碳、石墨、铂等，防止电极溶解，产生有害物质；电极形状和排列以形成不均匀电场为目的进行设置；埋藏的地基、碎石、大块金属氧化物或绝缘物质会引起土壤中电流的变化，降低处理效率。

（3）需要电导性的孔隙流体来活化污染物，土壤含水量低于 10%的场合，处理效果大大降低；随着修复过程进行，土壤水分迁移，部分土壤会发生板结，导致系统电阻增加，电流减小，进一步增加溶解性差、脱附能力弱的污染物的去除难度[3]，可以采用添加土壤改良剂、表面活性剂或助溶剂等改善修复效果。

（4）当目标污染物的浓度相对于背景值（非污染物浓度）较低时，处理效率降低，此时需要进行进一步评估下列影响因素：非传导性孔隙流体传输效果，虽然没有确凿证据，怀疑是大量水运动（电渗析引起）导致非传导性流体的存在传输现象的出现；地质不均匀性的影响效果，如埋藏的地基、石块等；地下水位及河流水位变化的影响；土壤中特定的丰度较高离子的影响。

3）系统构成和主要设备

电动力学修复技术系统构成相对简单，主要包括电源和 AC/DC 转换器、电极、电压监测器；一些系统会含有污染物泵出处理系统、增溶剂或缓冲溶液配制添加系统。

4）关键技术参数或指标

电压和电流是电动力学过程的主要操作参数，较高的电流强度能够加快污染物的迁移速度，加快修复进程；而能耗与电流的平方成正比，一般采用的电流强度为 10～

100 mA/ cm², 电压梯度在 0.5 V/cm² 左右[9]。实际操作过程可以选择恒压操作或者恒定电流操作, 恒定电流往往会随操作过程电压逐渐增加, 对电源及电极性能要求较高, 因此一般选用恒压操作。

5) 电动修复技术实施过程

电动修复技术实施主要是经过前期准备工作后确定技术可行性, 然后建立电动修复系统, 运行过程随时调控系统运行参数, 主要操作过程如下:

(1) 调查现场是否有高导电性沉积物。

(2) 水质化学分析: 分析不饱和土壤孔隙水的成分 (溶解的阴阳离子级污染物浓度), 测量孔隙水的导电性和 pH, 估计污染物传输系数。

(3) 土壤化学分析: 确定土壤的化学性质和缓冲能力。

(4) 电极及系统建立及运行。

2. 优点及局限性

电动力学修复技术对明确位置的污染物目标性强, 对现有景观、建筑和结构等影响较小, 不需要挖掘污染土壤, 不改变土壤本身结构; 电动修复是使污染物通过移动去除, 不向土壤中引入新的物质, 故不会引入新的污染物质; 在低渗透性和高黏性土壤的修复上有较高的去除率[6]; 对有机或无机都有效果; 可能对饱和层和不饱和层都有效。

电动力学修复技术作为新型生态修复方式研究较多, 但仍存在许多局限性。该技术受污染物溶解和脱附的影响, 不能去除以有机态、残留态存在的重金属, 不适用于处理挥发及半挥发性有机物, 目前只适用于污染范围小的区域; 该技术虽然在经济上是可行的, 但是由于土壤环境的复杂性, 常会出现与预期结果相反的情况, 从而限制了其运用。

3. 目前应用情况

电动力学修复技术环保、处理成本较低, 且不会破坏土壤结构, 是重金属污染土壤修复技术中发展前景较好的技术之一[10]; 利用改进的电动力修复污染土壤现在尚处于实验室和小规模的探索性试验阶段[3]。电动力学修复常与其他技术联合使用进行强化, 目前研究较多的有电动力学—可渗透反应墙联合修复、电动力学—吸附联合修复、电动力学—离子交换膜联合修复、电动力学—螯合联用修复、电动力学—生物联合修复、电动力学—表面活性剂联用修复、电动力学—超声联用修复、电动力学—芬顿联用修复等[8-11]。

该技术工程修复时间为 6～9 个月；主要费用组成：电极材料、电力消耗、抽提系统、重金属富集与处理系统、化学增溶剂、pH 调节剂、缓冲溶液等，综合修复费用为800～1 300 元/m³。

4. 污染防治重点

采用此技术进行土壤修复，需要保持土壤的酸碱性稳定，避免土壤酸化，从而造成修复土壤酸污染；在有机物的电动力学修复中，需要合理调控电动力学条件，抑制析氢或析氧反应，减少电极反应导致的土壤性质破坏[11]。另外，化学增溶剂、缓冲溶液等的使用易造成二次污染，需要加强控制。

参考文献

[1] Page M M, Page C L. Electroremediation of contaminated soils [J]. Journal of Environmental Engineering, 2002, 128（3）：208-219.

[2] 张乃明，包立. 重金属污染土壤修复理论与实践[M]. 北京：化学工业出版社，2017：101，108.

[3] 林增森，杨欣欣. 电动力学修复污染土壤的改进技术[J]. 大学物理实验，2014，27（4）：10-15.

[4] Ronald F. Probstein, R Edwin Hicks. Removal of contaminants from soils by electric field[J]. Science, 1993，260：498-503.

[5] Yalcin B. Acar, Akram N. Alshawabkeh, Principles of electrokinetic remediation[J]. Environ. Sci. Technol. 1993，27：2638-2647.

[6] 蔡宗平，李伟善. 铅锌尾矿重金属渗漏污染土壤和地下水的电动修复技术研究[J]. 环境科学与管理，2014，39（3）：59-63.

[7] 王慧，马建伟. 重金属污染土壤的电动原位修复技术研究[J]. 生态环境，2007，16（1）：223-227.

[8] 刘文庆，祝方. 重金属污染土壤电动力学修复技术研究进展[J]. 安全与环境工程，2015，22（2）：55-59.

[9] 查振林，占淑娴. 电动力学修复技术在重金属污染土壤修复中的研究[J]. 工业安全与环保，2017，43（12）：104-106.

[10] 徐泉，黄星发. 电动力学及其联用技术降解污染土壤中持久性有机污染物的研究进展[J]. 环境科学，2006，27（11）：2363-2367.

[11] 袁松虎. 持久性有毒物质污染土壤/沉积物的电动力学修复技术和机理研究[D]. 武汉：华中科技大学，2007.

6.5　植物修复技术

污染土壤的植物修复是通过植物的新陈代谢实现的，利用植物自身的光合、呼吸、蒸腾及其根际圈微生物体系的分泌、吸收、挥发和转化、降解等代谢活动与环境中的污染物和微生态环境发生交互反应，清除环境中的污染物质。一般来说，不同植物对土壤中不同污染物有不同的吸收、挥发和降解能力；修复植物在某方面有超强的修复功能，根据该功能特点，植物修复可以分为 5 种类型，分别是植物提取修复、植物挥发修复、植物稳定修复、植物降解修复和根际圈生物降解修复[1]。其中植物提取、植物挥发及植物稳定研究相对较多，其他两种研究相对较少。

（1）植物提取修复。

植物提取，也叫植物萃取，一般是利用重金属超积累植物，植物根系从污染土壤中超量吸收一种或几种重金属元素，积累在植物茎叶等地上部分，通过对植物地上部分收割处理，达到降低土壤中重金属含量的目的。

（2）植物挥发修复。

植物挥发修复是利用植物根系分泌物或微生物将汞、砷、硒等转化为毒性较低的可挥发形态，然后将其由植物表面挥发，从而对污染土壤起到治理作用。

（3）植物稳定修复。

植物稳定修复，又称植物固定修复，是利用植物根系分泌物质来沉淀根际圈污染物质，使其失去生物有效性，以减少污染物质的毒害作用。利用耐性植物在污染土壤上生长可以减少污染土壤的风蚀和水蚀，防止污染物质向下淋移或向四周扩散。能起到上述两种作用或两种作用之一的植物通常被称为固化植物，这一类植物尽管对污染物质吸收积累量并不是很高，但它们可以在污染物质含量很高的土壤上正常生长。这方面的研究也是偏重于重金属污染土壤的稳定修复，如废弃矿山的复垦工程，铅、锌尾矿库的植被重建等[1]。

（4）植物降解修复。

利用修复植物的转化和降解作用去除土壤中有机污染物质的一种方式，其修复途径主要有两个方面：一是污染物质被吸收后，植物将这些化合物及分解的碎片通过木质化作用储藏在新的植物组织中，此种方式又被称为植物吸收；二是使化合物完全挥发，或矿质化为二氧化碳和水，从而将污染物质转化为毒性小或无毒的物质。

（5）根际圈生物降解修复。

根际圈生物降解修复实际上是一种植物与微生物联合修复技术，利用根际圈微生物的降解作用将有机污染物转化为低毒或无毒物质，植物为其共存微生物体系如菌根真菌、根瘤细菌等提供必要的生活条件[5]。

植物修复最早用于重金属污染土壤修复，现发展为可用于砷、镉、铜、锌、镍、铅等重金属以及与多环芳烃、多氯联苯和石油烃复合污染的土壤重要生态环保型修复技术。

1. 技术介绍

1）原理

污染土壤的植物修复是通过植物的新陈代谢实现的，利用植物自身的光合、呼吸、蒸腾及其根际圈微生物体系的分泌、吸收、挥发和转化、降解等代谢活动与环境中的污染物和微生态环境发生交互反应，清除环境中污染物质。如图 6.6 所示。

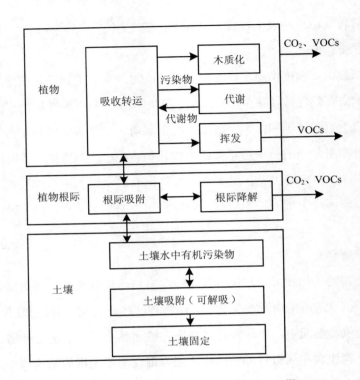

图 6.6　土壤有机污染物主要原理示意[2]

2）技术应用基础和前期准备

植物修复前需要进行相应的可行性试验，目的在于评估植物修复技术是否适合于特定场地的修复，并且为修复工程的设计提供基础参数。

试验参数包括：土壤中污染物初始浓度、气候条件、土壤肥力等。

土壤中污染物种类和气候条件直接决定修复植物种类，污染物初始浓度需满足使修复植物存活的上限，污染物成分含量也会对植物修复产生较大影响。若重金属水溶态较少，会导致植物修复效率较慢，需考虑施加有机酸或金属螯合剂等方法促进难溶态重金属溶解；若有机物生物可降解性为较难降解或不可降解物质，则不适宜使用植物修复。土壤肥力和其他性质也会对植物修复效率产生影响，若不适合修复植物存活需要对土质进行调整。提前掌握修复植物的水肥需求规律有利于促进植物生物量的增加，提高植物修复效率。

根据已有的研究成果确定修复植物的生长情况、植物对重金属的年富集率、生物量及最终处置方式等。

3）系统构成和主要设备

植物修复系统主要由植物育苗、植物种植、植物成长过程中的管理、完成修复后植物的刈割系统和处理处置系统，以及植物的再利用系统组成。主要设备包括植物的育苗设施、种植植物所需的农业机具（翻耕设备、灌溉设备、施肥器械）、焚烧并回收重金属所需的焚烧炉、尾气处理设备、重金属回收设备等。

4）关键技术参数或指标

植物修复需关注的技术参数主要包括：污染物的种类与性质，各成分初始浓度、修复植物种类、土壤特性（pH、通气性与含水率、养分含量）、当地气候条件、植物对重金属的年富集率及生物量、尾气处理系统污染物排放浓度、重金属提取效率等。

（1）污染物初始浓度：污染物初始浓度较高的土壤修复植物难以生存，不适宜使用植物修复技术。当土壤中污染物的初始浓度过高时，需要采用清洁土或低浓度污染土对其进行稀释。

（2）土壤 pH：通常土壤 pH 适合于大多数植物生长，但不同修复植物最适宜生长的pH 条件不一定相同，且同一修复植物不同时期最适 pH 也有所不同。

（3）土壤养分含量：土壤中养分含量应保持在能维持植物较好生长的水平，以满足植物更好地生长繁殖所需的养分要求，从而达到植物获取最大生物量以及对污染物最高效富集的效果。

（4）土壤含水率：为满足植物在生长过程中对水分的需求，确保植物较好生长，一般情况下土壤的水分含量应控制在土壤田间持水量。

（5）气候条件：低温环境下植物的生长会受到抑制。在气候寒冷地区，需通过地膜或冷棚等保温工程措施来确保植物生长不受抑制。

（6）植物对金属的富集率及生物量：由于植物修复技术主要以植物富集为主，因此，对于生物量大且有可供选择的超富集植物的重金属（如砷、铅、镉、锌、铜等），植物修复技术往往是较好的选择。但是，对于难以找到富集率高或者植物生物量小的重金属污染土壤，植物修复技术对污染重金属的处理效果有限。

5）植物修复技术实施过程

（1）前期调查与分析：对污染土壤中各种污染物的类型与含量、土壤 pH、土壤有机质及养分含量、土壤含水率、土壤孔隙度、土壤颗粒均匀性等进行调查，分析修复植物生存条件。

（2）若污染物浓度过高或土质不适合修复植物存活，则采用清洁土或低浓度污染土对其进行稀释，或对土质进行适当调整。

（3）筛选合适的修复植物并育苗。

（4）污染场地田间翻耕整理、种植植物、管理与刈割，管理时需根据植物生长情况和土壤具体情况进行灌溉、施肥等。

（5）植物安全焚烧。

2. 优点及局限性

植物修复技术具有绿色、无污染、对环境扰动少、公众易接受的优点；且植物的稳定作用可以绿化污染土壤，使地表稳定，防止污染土壤因风蚀或水土流失而带来的污染扩散问题；经植物修复的土壤，其有机质含量和土壤肥力都会增加，符合可持续发展战略，农用地较适用；植物修复以太阳能作为驱动力，能耗较低，费用低，大面积中低程度污染土壤较适用。

超富集植物对污染物质的耐性也是有限的，高浓度污染土壤并不适用植物修复；修复植物往往针对一种或几种特定污染物有超富集作用，而土壤污染往往是有机、无机污染物共同作用的复合污染，一种修复植物或几种修复植物相结合往往难以满足修复要求；一般修复植物根部生长深度较浅（草本 0～50 cm），因此植物修复技术不适用于深层污染土壤的修复；植物生长受环境因素及病、虫、草害影响，具有极大的不确定性。不同修复植物具有不同限制问题：非食用的蕨类生长周期短、生物量大，对重金属具有选择性，难以全面清除复合污染；食用型经济草本植物，生长周期短，有污染食物链风险；木本植物生长周期一般较长，且单季生物量积累有限，往往需要几个生长季，难以满足快速修复污染土壤的需求[6]。

3. 目前应用情况

由于植物修复具有投资少、操作简便、效果好、不破坏场地结构、不引起二次污染、符合大众需求等优点，已成为一种可靠的、相对安全的环境修复技术，是一种发展前景比较好的净化途径，被世界各国政府、科技界、企业界所关注，美国和欧洲已成为目前世界上两个最大的应用植物修复技术的市场[3]。

植物修复技术对于特定重金属具有较好的效果和应用，对于 PAHs、DDT 和 POPs 等污染物也有先例，例如，研究发现，豆科植物紫花苜蓿与禾本科植物黑麦草对多环芳烃污染具有较好的处理效果[4]，但尚不能完全修复有机污染土壤。为此，在植物修复的基础上，常辅以化学、微生物以及农业生态等手段增强植物修复的效果，例如，水肥调控、添加化学添加剂诱导强化、接种根际微生物、基因工程等[7, 13]，与其他修复手段联合使用[14, 15]也是目前植物修复研究较多的方向。迟晓杰[16]等提出利用高光谱遥感对重金属污染土壤的植物修复效果进行评价，可快速、实时、无损地获取植被生理生化参数信息，相较于传统的生物量检测法更加快捷有效；虽然此方法研究尚较薄弱，但随着科技进步，植物修复将成为中低浓度污染场地优先考虑的修复方式。

植物修复技术的修复周期较长，工程修复时间为 3～8 年。综合修复费用为 400～640 元/m³。

4. 污染防治重点

重金属污染物在修复植物体内累积，枯枝落叶如果不及时清理，腐烂后会重新返回环境，为此，植物收割后一般需要进行焚烧，然后对灰渣进行进一步处置；虽修复植物多为不可食用植物，但是鸟类及其他动物食用修复植物后会将污染物带出，进入生物链，因此，修复过程中应尽量避免鸟类及动物进入修复区域。

5. 案例：湖南郴州蜈蚣草植物提取修复示范工程

本示范工程是在国家高技术发展计划（"863"项目）、"973"前期专项国家自然科学基金重点项目的支持下，中国科学院地理科学与资源研究所陈同斌研究员建立的世界上第一个砷污染土壤植物修复工程示范基地。试验基地位于湖南郴州，修复前土壤被用于种植水稻。

1999年冬，发生了一起严重的砷中毒事件，导致2人死亡、将近400人住院。土壤中砷含量在24～192 mg/kg，是由于砷冶炼厂排放的含砷废水灌溉导致土壤砷含量增加。

砷主要聚集在土壤表层 0～20 cm，40～80 cm 土壤层砷含量并未受明显影响。在1 hm² 污染土壤上种植蜈蚣草，以检验在气候条件下修复砷污染土壤的可行性（Chen 等，2007）。植物修复田间试验于 2001 年开始进行。

用 N、P、K 进行施肥并适时灌溉。植物移栽 7 个月后，将其地上部分收割。地上部分干重为 872～4 767 kg/hm²，地上部砷含量为 127～3 269 mg/kg（表 6.2），这与原来土壤中的砷含量显著相关。砷去除率为 6%～13%，表明蜈蚣草在田间能有效去除土壤中的砷。

表 6.2   野外条件下蜈蚣草的生长和对砷的超富集

地上部生物量/（kg/hm²）	砷含量/（mg/kg）			砷去除效率/%
	地上部	原土	修复后土	
R1	872	127	23.9	21.5	10.0
R3	1 364	206	28.3	24.6	13.2
R4	1 616	211	35.4	31.1	12.0
R8	917	708	48.0	45.1	6.1
R16	1 849	2 292	123.0	114.6	6.9
R20	4 767	3 269	192.1	169.5	11.8

参考文献

[1] 周启星，宋玉芳. 污染土壤修复原理与方法[M]. 北京：科学出版社，2004：134-203.

[2] 李法云，吴龙华. 污染土壤生物修复原理与技术[M]. 北京：化学工业出版社，2004：161-173.

[3] 张宝杰，闫立龙. 典型土壤污染的生物修复理论与技术[M]. 北京：电子工业出版社，2014：43-54.

[4] 骆永明，滕应. 有机污染土壤的修复机制与技术发展[M]. 北京：科学出版社，2016：111-134.

[5] 曲向荣，孙约兵，等. 污染土壤植物修复技术及尚待解决的问题[J]. 生态保护，2008（12）：45-47.

[6] 黄明煜，章家恩，等. 土壤重金属的超富集植物研发利用现状及应用入侵植物修复的前景综述[J]. 生态科学，2018，37（3）：194-203.

[7] 宋玉婷，雷汀菲，等. 植物修复重金属污染土地的研究进展[J]. 国土资源科技管理，2018，35（5）：58-68.

[8] 杨启良，武振中，等. 植物修复重金属污染土壤的研究现状及其水肥调控技术展望[J]. 生态环境学报，2015，24（6）：1075-1084.

[9] 黄益宗，郝晓伟，等. 重金属污染土壤修复技术及其修复实践[J]. 农业环境科学学报，2013，32（3）：409-417.

[10] 古添源，余黄，等. 功能内生菌强化超积累植物修复重金属污染土壤的研究进展[J]. 生命科学，2018，30（11）：1228-1235.

[11] 聂亚平，王晓维，等. 几种重金属（Pb、Zn、Cd、Cu）的超富集植物种类及增强植物修复措施研究进展[J]. 生态科学，2016，35（2）：174-182.

[12] 廖晓勇，陈同斌，等. 提高植物修复效率的技术途径与强化措施[J]. 环境科学学报，2007，27（6）：881-893.

[13] Carmen Vargas，Javier Pérez-Esteban，et al. Environmental Science and Pollution Research，2016，23（13）：13521-13530.

[14] 邵承斌，汪春燕，等. 植物与蚯蚓联合修复蒽和镉污染土壤的研究[J]. 三峡生态环境监测，2016，1（2）：31-38.

[15] 魏树和，徐雷，等. 重金属污染土壤的电动—植物联合修复技术研究进展[J]. 南京林业大学学报（自然科学版），2019，43（1）：154-160.

[16] 迟晓杰，谷海红，等. 重金属污染土壤植物修复效果评价方法——高光谱遥感[J]. 金属矿山，2019，（1）：16-23.

[17] 张乃明，包立. 重金属污染土壤修复理论与实践[M]. 北京：化学工业出版社，2017：152-153.

第 **7** 章
工业场地土壤污染修复技术发展趋势展望

随着国家及地方相继出台场地污染防治的法律法规、相关政策及指导性文件，工业场地污染防治工作受到了各级政府、生态环境部门的高度重视，也为污染场地修复技术的发展提供了良好环境和经济基础[1]。纵观国外发达国家土壤修复方面的成功经验，结合我国的土壤修复案例及国家出台的有关土壤修复行业的法律法规、指导性文件，我国未来工业场地土壤污染修复技术发展路径和趋势将呈现以下特点：①向绿色、环保、可持续的土壤生物修复技术方向发展；②向多技术联合修复方向发展；③向以风险管控为核心思想的防治制度和技术集成方向发展；④向土壤—地下水修复联合修复方向发展[2]；⑤向改良现有技术，实现污染场地修复集成化、设备化方向发展。

7.1 向绿色、环保、可持续的土壤生物修复技术方向发展[3]

土壤修复不是盲目的，在实施土壤修复的过程中，应同时考虑环境的可持续发展问题。因此，利用土壤中高效专性微生物资源的微生物修复技术，利用植物自身的光合、呼吸、蒸腾及其根际圈微生物体系的分泌、吸收、挥发和转化、降解等代谢活动与环境中的污染物和微生态环境发生交互反应的植物修复技术，将是工业场地土壤污染修复技术的主要发展趋势之一[2]。在充分把握土壤性质、温度、pH 和营养条件等土壤环境后，不断开展大量的实验研究，因地制宜，寻找既能有效消除土壤中有毒有害污染物，同时减少对资源的浪费，避免出现二次污染的绿色、安全、环境友好的污染土壤修复技术。

7.2　向多技术联合修复方向发展

我国土壤修复工作起步较晚[3]，过去土壤修复技术比较单一，以物理、化学和物理化学相结合的修复技术为主。但是，鉴于我国工业企业污染场地中污染种类众多，场地水文地质条件各异，复合污染现象较为常见，且污染组合类型复杂，加之区域经济发展不同，传统单一的修复技术往往并不能够实现修复目标。为此，发展协同联合的土壤综合修复技术，为场地提供因地制宜、最为高效经济的修复方案就必然成为行业趋势。在美国，联合修复技术被称为修复技术列车（主要技术火车头+创新技术车厢），例如，传统可渗透反应墙修复方案联合微生物处理、蒸气抽提结合微生物修复、淋洗联合固化/稳定化技术等。多技术联合的修复技术、综合集成的工程修复技术可显著减少待治理的污染土壤量、提高修复效率、防止污染土壤开挖过程中挥发性有机物的排放并能同时处理多种类型污染物。根据美国 1995 年超级基金的统计，已有 32 个场地使用联合修复技术开展场地修复。

7.3　向以风险管控为核心思想的防治制度和技术集成方向发展

土壤及地下水修复是一个复杂和长期的过程，从资金、时间或技术等层面来看，很多场地在短时间完全修复是很困难的。针对这种情况，20 世纪 90 年代国外逐渐把"制度控制"（institutional control）作为一种修复方法推行开来，即通过法律和行政的手段和方法制定和实施各项规章或制度（非工程），减少或阻止人群对场地污染物的暴露，从制度上杜绝和防范场地污染可能带来的风险和危害，从而达到利用管理手段对污染场地的潜在风险进行控制的目的[4]。常见的制度控制手段包括进入污染区限制、钻井限制、土地用途限制等。

而制度控制实际上就是以风险管控为核心思想的防治制度和技术集成。综观世界各国土壤污染防治历程，发达国家最终均采用了该策略[5]，并将其渗透到立法、标准制定、技术措施选取等环节中。《意大利工业行业环境整治实践》一书中所涉案例，70%以上涉及风险防控策略。但值得注意的是，这种"制度控制"一般不能单独使用，通常需要结合其他主动修复方法（工程）使用。简而言之，基于风险控制的修复策略即是将传统的污染源治理技术和工程控制与制度控制根据场地具体状况有机地结合起来，从而系统地降低人类接触场地有害污染物的风险。

7.4 向土壤—地下水联合修复方向发展

污染场地是由土壤和地下水共同构成的有机统一体，雨水垂直入渗以及地下水流经污染过的土壤时，污染物将从土壤相以溶解和解吸等作用进入地下水相，而污染后的地下水在流经未污染或已修复的土壤时，其中的污染物亦会通过土壤的吸附作用从地下水相传递到土壤相上。这种土壤和地下水的相互作用，使得场地修复中，土壤和地下水联合治理尤为重要。但由于地下水污染难治理、周期长、隐蔽性强以及缺乏相应技术规范，我国在实际污染场地调查和修复过程中存在"重土轻水"的现象，而这也将会导致场地二次污染。

据《全国土壤污染状况调查公报》显示[8]，我国长三角、珠三角、东北老工业基地等区域土壤污染问题突出，西南、中南地区土壤重金属超标问题也比较严重[9]，与此同时，南方地区地下水位普遍埋深较浅。根据水利部印发的《地下水动态月报》，南方地区地下水埋深小于 2 m，北方地区总体自东向西埋深增加，多数地区在 6 m 以上。因此，北方区域的场地修复，有时只要把污染场地的土壤修复好就行，地下水可以不关注。但对于地下水埋深很浅的南方而言，忽视地下水修复将导致二次污染或其他环节风险。因此，开展"水土共治"的联合修复技术势在必行。

7.5 向改良现有技术，实现污染场地修复集成化、设备化方向发展

土壤修复技术的应用在很大程度上依赖于修复设备和监测设备的支撑，集成化、设

备化的修复技术是土壤修复走向高效化的基础。尤其是对于我国城市工业遗留的污染场地，因其特殊位置和土地再开发利用的要求，需要快速、高效的修复技术与设备。开发与应用基于集成化、设备化的场地污染土壤的快速修复技术是一种发展趋势[6]。一些新的物理和化学方法与技术在土壤环境修复领域的渗透与应用将会加快修复设备化的发展。例如，对于植物修复，人们应寻找、筛选更多更好的重金属富集植物，利用基因工程技术，将超富集植物的耐性基因移植到生物量大、生长迅速的植物中，使植物修复走向产业化。

参考文献

[1] 薛诚. 污染土壤修复技术研究与发展趋势[J]. 中国资源综合利用，2018，36（7）：109-111.

[2] 骆永明. 污染土壤修复技术研究现状与趋势[J]. 化学进展，2009，21（2）：558-565.

[3] 李丽，张兴，李军宏，等. 土壤污染现状与土壤修复产业进展及发展前景研究[J]. 环境科学与管理，2016，41（3）：45-48.

[4] 苑克帅. 我国污染场地再开发风险管控法律规制研究[D]. 重庆：西南政法大学，2016.

[5] 于娜，董丽. 我国《土壤污染防治行动计划》SWOT 分析及对策[J]. 产业与科技论坛，2016，15（19）：86-87.

[6] 王尔德. 专访全国人大代表、永清环保董事长刘正军：土壤修复如何产业化　设备化修复技术是基础[EB]. http：//www.21jingji.com/2017/3-16/4NMDEzNzlfMTQwNDU4NQ.html　[2017-03-16].

附　录

广州市工业企业场地土壤污染修复治理推荐技术目录

序号	技术名称	适用性	修复周期	参考费用	优点及局限性	污染防治重点
1	异位固化/稳定化技术	可处理的污染物类型： 主要适用于重金属及砷化合物等污染物，有时也用于部分氰化物和有机物污染。 应用限制条件： 一般不适用于单质汞、挥发性/半挥发性有机污染物	根据广州市及国内其他地区现有案例，工程修复时间为4～6个月	主要费用组成：土方工程、修复实施、二次污染防治措施等。综合单价为850～1 200元/m³	优点： 技术成熟、应用广泛、处理时间短。 局限性： 1. 不降低污染物总量，不适用于以总量为验收标准的修复情形； 2. 一般需配合阻隔技术使用，并进行长期监控； 3. 需根据规划和地块用途协调落实阻隔回填区域，且未来存在被扰动的风险； 4. 对于场地地下基础复杂的地块，工程施工成本较高	1. 固化稳定化修复作业应在具有防渗、防雨和防风的空间内进行； 2. 阻隔回填区应采用不少于四层的封闭结构，由外至内宜分别为钢筋混凝土、土工布、HDPE膜、土工布； 3. 选用环境友好型的固化/稳定化药剂； 4. 如采用浸出方式验收，且标示污染物浸出浓度需达到《地下水质量标准》（GB/T 14848）Ⅲ类标准

序号	技术名称	适用性	修复周期	参考费用	优点及局限性	污染防治重点
2	水泥窑协同处置技术	可处理的污染物类型：主要适用于挥发及半挥发性有机污染物（如石油烃、多环芳烃、农药、多氯联苯等）、重金属等。应用限制条件：对重金属及重金属浓度有限制，对有机污染物浓度需满足《水泥窑协同处置固体废物环境保护技术规范》（HJ 662）相关要求：使用该技术时，还需考虑污染土壤中氯、氟和硫的含量，以确定污染土壤的添加比例；必要时需对水泥窑进料系统和尾气处理系统进行改造	根据广州市及国内其他地区现有案例，工程修复时间为6~8个月。	主要费用组成：土方工程、预处理及转运、水泥窑处理工程、暂存及处置措施、二次污染防治措施等。综合单价为900~1 200元/m³	优点：技术成熟，适用范围较广，对有机物污染物处置彻底，可实现资源化。局限性：1. 需协调水泥厂进行处置，目前广州境内水泥厂协同处置污染土壤的处理能力不足；2. 耗能较大，对于含水率高、热值低的污染土壤需要消耗更多能量	1. 在预处理、运输、修复等环节做好污染防治措施；2. 需对水泥窑尾气进行定期监测；3. 对有异味的污染土壤，在开挖、转运、暂存、处置等过程中应做好异味控制措施，符合相关环保要求；4. 对污染土壤的清挖、场内暂存、预处理、出场、运输、接收、水泥厂暂存等应进行全过程环境管理
3	异位热脱附技术	可处理的污染物类型：石油烃、挥发性有机物、多氯联苯、半挥发性有机物、杀虫剂等。应用限制条件：不适用于腐蚀性有机物、高含量活性氧化剂和还原剂的土壤，亦不适用于含有汞、砷、铝等复合污染土壤	根据广州市及国内其他地区现有案例，设备安装调试时间为3个月左右，工程修复时间为4~6个月（直接热脱附）	主要费用组成：土方工程、修复实施、二次污染防治措施等。综合单价为1 000~1 500元/m³	优点：处理量大，效率高。局限性：1. 处理效率受土壤质地影响较大，对预处理要求较高；2. 设备耐高温，耐腐蚀要求高，设备损耗高，需调试调能；3. 安装调试时间长，施工成本高，能耗高，需清洁能源；4. 黏土含量高或含水率大的土壤需进行预处理，增加处理费用	1. 清挖、运输、预处理过程中应做好控制，防止扬尘与挥发性有机物污染；2. 土壤修复过程中应采取有效措施防止二噁英的产生；3. 预处理环节应做好密封措施，需对废气进行处理；直接热脱附尾气宜采用二次燃烧+冷凝+除尘处理后达标排放

序号	技术名称	适用性	修复周期	参考费用	优点及局限性	污染防治重点
4	异位化学氧化技术	可处理的污染物类型：石油烃、苯系物（苯、甲苯、乙苯、二甲苯等）、酚类、含氯有机溶剂、甲基叔丁基醚等污染物。应用限制条件：一般不适用于重金属污染的土壤修复	根据广州市及国内其他地区现有案例，工程修复时间为6～8个月	主要组成费用：开挖、运输、预处理、修复及养护等。综合单价为700～1100元/m³	优点：技术成熟，国内应用较广泛，处理工艺简单；适用污染物范围较低。局限性：1.可能会产生有毒有害的中间产物；2.需关注药剂残留问题；3.药剂使用不当可能产生安全问题	1.清挖、运输过程中做好控制，防止扬尘与挥发性有机物污染；2.相较于其他技术，化学氧化技术二次污染较低，但预处理、修复等环节应做好密封措施，防止异味逸散；3.应选用环境友好型的药剂
5	阻隔技术	可处理的污染物类型：主要适用于重金属、有机污染物及复合污染土壤。应用限制条件：用于腐蚀性、挥发性较强的污染物时，环境风险相对较大	根据广州市及国内其他地区现有案例，工程实施时间为2～3个月	主要费用组成：阻隔工程建设费（视阻隔工程结构而定，具体以土建定额为准）。综合单价为400～600元/m³	优点：技术成熟，应用广泛、成本较低，实施周期短。局限性：1.存在污染物泄漏风险；2.阻隔回填所占用区域将对阻隔区地下水开发利用产生影响；3.阻隔回填区应避开地质条件较差的区域	1.如进行开挖，应做好抑尘等环保措施；2.应在阻隔区域地下水上下游设置地下水监测井，进行长期监测，监控污染物的浓度变化情况，了解阻隔区域对周围环境的影响，及时响应不利状况；3.需避免对阻隔措施造成扰动

序号	技术名称	适用性	修复周期	参考费用	优点及局限性	污染防治重点
6	原位固化/稳定化技术	可处理的污染物类型： 主要适用于重金属及砷化合物等污染物。有时也用于含有机污染物、氰化物及部分有机污染物。 应用限制条件： 一般不适用于单质汞、挥发性氰化物、挥发性有机污染物	根据广州市及国内其他地区现有案例，工程修复时间为3～4个月	综合单价为500～800元/m³	优点： 技术成熟、应用广泛、处理时间短、费用低，无须进行开挖。 局限性： 1. 不降低污染物总量，不适用于以总量为验收标准的修复情形； 2. 一般需配合阻隔技术使用，并进行长期监控； 3. 修复效果存在一定不确定性； 4. 未来存在被扰动的风险； 5. 受当地水文地质条件影响较大，不适用于未来将要开挖或其他扰动的情形	1. 修复区域周边应设置止水帷幕，渗透系数应小于10^{-7} cm/s，并在顶部采取相应防渗措施； 2. 应选用环境友好型的固化稳定化药剂； 3. 如采用浸出方式验收，且标污染物浸出浓度需达到《地下水质量标准》（GB/T 14848）III类标准
7	土壤洗脱技术	可处理的污染物类型： 主要适用于重金属和部分半挥发性有机污染物。 应用限制条件： 不适用于含挥发性有机污染物或污染废渣的土壤	根据广州市及国内其他地区现有案例，工程修复时间为3～4个月	主要费用组成：土方工程、筛分、洗脱及二次污染防治等。综合单价为400～600元/m³	优点： 1. 污染土壤减量化效果明显； 2. 可有效降低土壤中污染物总量； 3. 实施费用低。 局限性： 1. 需配合其他技术处理洗脱后剩余的高污染土壤； 2. 系统构成复杂，占地面积大； 3. 需协调落实污水排放去向； 4. 对小体量含量较高的土壤及细颗粒含量高的土壤技术经济性较差	1. 洗脱作业场地需进行防渗处理； 2. 洗脱废水需进行处理并达标排放

序号	技术名称	适用性	修复周期	参考费用	优点及局限性	污染防治重点
8	常温解吸技术	可处理的污染物类型： 主要适用于易挥发的有机污染物。 应用限制条件： 不适用于重金属和挥发性较弱的有机污染物	根据国内其他地区现有案例，工程修复时间为3~4个月	主要组成费用： 修复设备设施建设、土壤开挖、工程运输、修复处理、二次污染防控等综合单价为500~600元/m³	优点： 简单易行，修复费用低，修复周期短。 局限性： 1. 存在较大的二次污染风险； 2. 适用污染物范围较窄，对于沸点较高、饱和蒸气压低的污染物解吸效率较低； 3. 当土质黏度较高、含水率大于25%时，施工难度较大； 4. 当环境温度较大、湿度较大时，处理效率较低，修复时间长； 5. 修复作业环境差	1. 常温解吸系统宜采用负压密闭大棚，废气经有效处理后达标排放； 2. 需加强废气排放口及修复区域周边大气环境监测
9	原位化学氧化技术	可处理的污染物类型： 主要适用于石油烃、苯系物（苯、甲苯、乙苯、二甲苯等）、酚类、甲基叔丁基醚、含氯有机溶剂等污染物。 应用限制条件： 一般不适用于重金属污染土壤	根据广州市及国内其他地区现有案例，工程修复时间为6~8个月	主要组成费用： 修复药剂费、设备费、过程监控费及二次污染防治费用等。 国内修复费用为900~1200元/m³	优点： 无须进行开挖，国内多地有一定应用。 局限性： 1. 修复效果不确定性相对较大，可能出现污染"反弹"和局部污染区域修复不彻底的问题； 2. 可能会产生有毒有害的中间产物； 3. 需关注药剂残留问题； 4. 对于黏性土壤为主的污染场地，修复效果较差； 5. 药剂使用不当可能产生安全问题	1. 周边区域应对场地及周边区域开展长期监测； 2. 选用环境友好型药剂

序号	技术名称	适用性	修复周期	参考费用	优点及局限性	污染防治重点
10	原位热解吸技术	可处理的污染物类型：主要适用于石油烃、挥发性及半挥发性有机物、多氯联苯、呋喃、杀虫剂等。应用限制条件：不适用于腐蚀性有机物、高活性氧化剂和还原剂的土壤；一般不适用于含汞、砷、铅等的复合污染土壤	根据国内其他地区现有案例，工程修复时间为10~15个月	主要费用组成：设备材料费、能源动力费、过程监控费及二次污染防治费用等。综合单价为1 200~2 000元/m³	优点：对场地扰动小、二次污染风险相对较小，无须进行开挖。局限性：1. 修复周期长、成本较高，工艺复杂，运行维护要求较高；2. 修复效果不确定性相对较大，可能出现局部污染区域修复不彻底的问题；3. 黏土含量高或含水率较大的土壤会在处理过程中结块而影响处理效果，增加处理费用	1. 需要确保地面阻隔系统的阻隔效果；2. 对抽采废水、废气应做好二次污染防控，确保达标排放；3. 需对修复完成后的场地进行长期监测
11	生物堆技术	可处理的污染物类型：主要适用于石油烃类等易生物降解的有机物。应用限制条件：一般不适用于污染有机物污染土壤的修复	广州市及国内未见相关工程应用	在广州市内无相关应用，根据国内相关研究，综合单价为400~600元/m³，工程修复时间为6~15个月	优点：无二次污染，处理费用较低，不破坏污染土壤的生态功能，对污染土壤可综合利用。局限性：1. 处理周期长，对残存金属、有机污染物的复合污染土壤处理效果不佳；2. 黏土类、高浓度污染土壤修复效果较差	1. 根据现场情况采取覆膜开挖或其他措施，防止有机污染物发生二次污染；2. 对修复区域采取防渗措施，并设置渗滤液和废气收集处理系统；3. 做好污染物排放口及周边大气环境监测
12	原位生物通风技术	可处理的污染物类型：主要适用于挥发及半挥发性有机物。应用限制条件：一般不适用于重金属和难降解有机物	广州市及国内未见相关工程应用，根据国外相关资料，工程修复时间为6~24个月	见相关工程应用，根据国外相关资料，处理成本为100~200元/m³	优点：修复成本低，无须进行开挖。局限性：1. 处理周期长；2. 不适用于土壤渗透系数较小的场地	处理挥发性有机污染物时，需做好二次污染防治措施